미국 고등학교 교과서에서
사용하는

수학용어 사전

Dictionary of Mathematical Terms

이지영 · 장혜원 지음

KYOWOO

일 러 두 기

1. 이 책은 Illustrative Mathematics(IM) 교과서(https://curriculum.illustrativemathematics.org/)에서 제시한 중학교, 고등학교 수학 용어를 기반으로 선정된 용어들에 대해 다음과 같은 요소로 구성하였습니다: 뜻, 설명, 기호, 시각적 표현, 예, IM 교과서 사례, CCSSM Progression Draft 사례. 이 요소 중 각 용어에 따라 해당 없는 것은 생략하고 선택적으로 작성하였습니다.

2. 수학 용어가 미국 현지에서 어떻게 활용되고 있는지를 경험할 수 있도록 미국 교육과정 문서인 CCSSM을 기반으로 구성된 학습 자료 IM 교과서로부터 용어가 출현하는 맥락을 선정하여 제시하였습니다. IM 교과서에 적절한 맥락이 없거나 보충 설명이 필요한 경우, CCSSM의 Progression Draft (https://achievethecore.org/page/254/progressions-documents-for-the-common-core-state-standards-for-mathematics)로부터 예를 찾아 인용하였습니다.

3. 사전적 구성에 적합하게 영어의 알파벳 순으로 배열하여 검색의 용이성을 강화하였습니다. 또한 부록의 [찾아보기]를 통해 검색의 기능을 최대한 활용할 수 있습니다.

머 리 말

수학은 자연의 언어(language of nature)라고 합니다. 17세기 이탈리아 과학자 갈릴레오가 “Mathematics is the language in which God has written the universe.” 라고 말했다고 전해지는데, 그만큼 수학이 세상을 설명하는 데 필수적인 도구라는 것을 나타냅니다. 같은 맥락에서 수학은 과학의 언어(language of science)라고도 합니다. 과학적 현상을 묘사하기 위해 수학이라는 언어를 빌어와서 사용하기도 하고, 수학적 탐구가 과학적 발견을 이끌기도 합니다. 뉴턴이나 아인슈타인이 힘과 가속도의 관계나 특수 상대성 원리를 구구절절이 말로 설명하지 않아도 단 하나의 식 $F=ma$나 $E=mc^2$로 표현함으로써 의도한 과학적 원리를 표현한 것이 대표적인 사례이고, 태양의 8번째 행성인 해왕성은 관측이 아닌 수학적 계산에 힘입어 발견되었다는 사실도 이를 보여줍니다.

일반적으로 수학을 일종의 언어로 간주하는 수학자들도 있습니다. 언어는 의미, 문법 등을 기초로 한 기호 체계로서 의사소통을 기본 기능으로 하는데, 수학이 바로 그러한 조건을 모두 충족하기 때문입니다. 실제로 우리가 수학 공부를 할 때 수학 용어의 의미만 정확히 알아도 많은 부분에 대한 이해가 가능하고 문제를 해결할 수도 있습니다. 그만큼 수학에서 용어는 중요한 역할을 하며, 그 의미를 명확하게 이해하는 것은 수학 공부의 핵심이라 할 수 있습니다.

한편 수학은 보편적 언어라고도 합니다. 우리가 인도어를 모르면 인도의 소설책을 읽을 수 없어 그 내용을 전혀 파악할 수 없지만, 인도의 수학 교과서는 (소설책에 비하면) 책의 내용을 대강 파악할 수 있습니다. 수학적 기호인 특별한 언어가 사용되기 때문입니다. 인도의 수학 교과서를 펼쳤는데, $(ax+b)(cx+d)=acx^2+(ad+bc)x+bd$가 보이고 그와 유사한 형태를 띤 식들을 만나면 아마도 다항식의 전개와 관련된 단원일 것이라고 추측할 수 있습니다. 이렇듯 수학적 과거나 현재나, 세계 어느 곳에서도 크게 다르지 않은 수학적 기호와 의미로 통용된다는 점에서 보편적이라고 말합니다.

이렇듯 수학의 언어는 일상 언어에 비해 보편성을 띠고 있다고 할 수 있지만, 동일 의미를 표현하는 수학적 용어가 언어에 따라 용어의 의미를 완전히 전달하지 못하거나 상대적으로 다른 경우도 허다합니다. 소수를 예로 들어봅시다. 한국어의 소수는 두 가지 수학적 의미를 지니는 용어입니다. 영어에서는 이 의미를 각각 decimal(소수점을 사용하여 나타낸 수)과 prime number(1과 자기 자신만을 약수로 갖는 수)로 구분하여 사용합니다. 또한, 미국 학교 수학에서는 whole number라는 용어를 흔히 사용하는데, 이는 0과 자연수를 포함하는 수의 집합입니다. 반면, 한국 수학에서는 이와 정확히 대응하는 용어가 없습니다. 수학 용어와 일상 언어 간의 차이도 존재합니다. 예를 들어 영어 function은 수학에서 함수를 의미하지만, 일상적으로는 기능이라는 의미를 갖습니다.

미국의 수학교육은 단순히 용어의 차이뿐만 아니라 여러 면에서 한국과 다릅니다. 먼저, 미국에는 국가 차원의 교육과정(national standards)이 없습니다. 공립교육은 각 주 정부가 관리하며, 이로 인해 50개 주마다 교육과정이 다릅니다. 반면, 한국은 국가 차원의 교육과정에 따라 전국의 학생이 동일한 기준으로 수학을 배우기 때문에 두 나라의 교육 방식은 크게 대비됩니다. 특히, 다수의 주가 CCSSM을 2013년에 도입하기 전까지, 주마다 교육과정에 큰 차이가 있었습니다. 각 주의 교육과정을 모두 반영하기 위해 교과서가 점점 두꺼워지고 비싸지는 문제도 발생했습니다. 또한, 미국에서는 하나의 수학 용어에 대해 여러 정의를 사용하는 경우가 많습니다. 예를 들어, 사다리꼴은 (1) 한 쌍의 변만 평행한 경우, (2) 최소한 한 쌍의 변이 평행한 사각형이라는 두 가지 정의가 모두 사용됩니다.

이런 교육과정의 격차를 줄이기 위해, 전미 수학 교사 협회(National Council of Teachers of Mathematics: NCTM)는 1989년 이후 두 차례에 걸쳐 모든 주가 사용할 수 있는 통합적인 수학교육과정을 발표했습니다. 유럽의 몇 국가들이 NCTM 교육과정을 받아들이는 중에도 정작 미국에서는 어느 주에서도 이를 채택하지 않았습니다. 그러나 NCTM 교육과정을 기반으로 만들어진 CCSSM은 현재 알래스카와 텍사스 등을 제외한 40개 이상의 주에서 도입되어 다양한 방식으로 활용되고 있습니다. 따라서 CCSSM은 현재 미국 수학교육과정을 이해하는 데 가장 유용한 기준으로 볼 수 있습니다. 사용자들의 이해를 돕기 위해 CCSSM의 저자들은 CCSSM Progression Drafts라는 설명서를 만들어, 교육과정에 포함된 수학 개념을 어떻게 이해하고 가르쳐야 하는지 안내하고 있습니다. 이 책에 포함된 수학 용어는 CCSSM과 CCSSM Progression Drafts를 기반으로 정의와 예를 제공합니다.

이 사전은 수학을 공부하는 중학생이나 고등학생, 또는 수학에 관심 있는 누구든지 영어로 표현된 수학 용어를 더 쉽게 이해할 수 있도록 돕기 위해 만들어졌습니다. 이 책은 영어로 표현된 수학 용어의 의미를 설명하고 대응하는 한국어 용어를 소개함으로써 수학 용어의 영어 표현에 익숙하고 영어로 된 수학 용어를 자연스럽게 사용할 수 있도록 돕기 위해 쓰인 책입니다. 이와 같은 의도를 극대화하기 위해 몇 가지 방안을 구상해보았습니다.

첫째, 수학 용어가 미국에서 사용되는 수학 교과서에서 어떻게 다루어지고 있는지를 담고 있습니다. 언어학의 한 분야인 화용론의 관점에서 보면 단어와 문장은 고정된 의미를 가지는 것이 아니라 사용되는 상황이나 맥락에 따라 의미가 변화할 수 있습니다. 따라서 언어의 의미를 충실히 이해했다는 것은 사용 맥락에 따라 단어나 문장의 의미를 해석할 수 있고, 언어 학습은 용어의 의미가 통용되는 적합한 상황에서 적절하게 사용함으로써 이루어진다는 것을 의미하기도 합니다. 따라서 이 책은 수학 용어 자체의 의미와 함께 Illustrative Mathematics라는 교과서를 용어 사용 맥락으로 활용했습니다. 용어마다 마지막 부분에 IM이라고 써서 제시한 용례입니다. 이 점이 이 책을 유사한 유형의 다른 책과 구별 짓는 가장 뚜렷한 특성이라 할 수 있습니다.

둘째, 시각적 표현을 적극 활용하였습니다. 복잡한 수식으로 가득한 수학책으로 답답하다가도 그것을 설명하거나 예시한 그림이 등장하면 반갑고 이해하기 쉬웠던 경험이 있을 것입니다. 실제로 수학자들은 위대한 수학적 발견에 앞서 그림을 그리면서 아이디어를 정교화해나갔고, 어려운 수학 개념과 이론을 설명하기 위해 그것을 시각적 표현으로 나타내는 것은 수학자 및 수학교육자가 흔히 사용하는 전략입니다. 이 책에서도 용어의 의미를 시각적으로 표현함으로써 좀 더 쉽게 설명할 것을 의도하였습니다.

셋째, 앞서 설명한 용어의 활용 맥락 외에 용어의 사례를 함께 제시하였습니다. 수학은 학문 자체가 추상성을 특징으로 합니다. 수학적 개념은 구체적인 개별 사례들로부터 일반화시켜 추출한 성질을 추상화한 대상이기 때문입니다. 추상적이라는 특성은 머릿속 아이디어로 처리를 간단하게 하도록 한다는 장점도 있지만, 수학적 배우는 입장에서는 너무 어렵게 느껴지는 것 또한 사실입니다. 수학 용어의 정의 또한 설명만으로는 추상성의 한계를 벗어나기 어려울 때가 많습니다. 그래서 각 용어의 예를 제시하여 용어의 뜻을 이해하는 데 한층 접근하기 쉽게 하였습니다.

이 책에 나온 수학 용어의 한국어와 영어 표현에 대한 앎을 통해 여러분의 수학 공부가 한층 활기차고 폭넓게 뻗어나갈 것을 기대하고 응원합니다. 책이 나오기까지 애써주신 교우사 편집진에게도 감사의 뜻을 전합니다.

2025년 푸른 봄날에 저자씀

C·O·N·T·E·N·T·S

A

addition rule

확률의 덧셈 정리

뜻 통계학에서 사용되는 법칙으로 두 사건 중 최소 하나의 사건이 일어날 확률을 구할 때 사용되는 정리이다.

기 호 두 사건을 A와 B라고 하고 각각의 사건이 일어날 확률을 P(A), P(B)라고 하면 확률의 덧셈 정리는 다음과 같이 성립된다.

(한국식) $P(A \cup B) = P(A) + P(B) - P(A \cap B)$

(미국식) $P(A \text{ or } B) = P(A) + P(B) - P(A \text{ and } B)$

이때 $P(A \cap B)$는 A와 B가 동시에 일어날 확률을 나타낸다. 만약 두 사건 A, B가 서로 배반사건이면 $P(A \cap B) = 0$이므로 확률의 덧셈정리는 다음과 같이 쓸 수 있다.

$$P(A \cup B) = P(A) + P(B)$$

CCSSM A is "you roll numbers summing to 8 or more"

B is "you roll doubles"

and counting outcomes leads to

$$P(A) = \frac{15}{36}$$

$$P(B) = \frac{6}{36}$$

$$P(A \text{ and } B) = \frac{3}{36}, \quad \text{and}$$

A

$$\begin{aligned} P(\text{A or B}) &= P(\text{A}) + P(\text{B}) - P(\text{A and B}) \\ &= \frac{15}{36} + \frac{6}{36} - \frac{3}{36} \\ &= \frac{18}{36}. \end{aligned}$$

현재 미국 수학 교육과정에는 집합이 포함되어 있지 않기 때문에 합집합과 교집합 기호는 덧셈정리에 사용되지 않는다. 대신 'or'과 'and'가 사용되는데 or은 합집합의 의미를, and는 교집합의 의미를 갖는다.

IM

Problem 1 The table displays the number and type of tickets bought for a play that was performed in both the afternoon and evening.

	child ticket	adult ticket
afternoon	36	127
evening	12	188

The addition rule states that given events A and B, $P(\text{A or B}) = P(\text{A}) + P(\text{B}) - P(\text{A and B})$. Show how to apply the addition rule for the events "a child ticket is bought for a play" and "the play is performed in the afternoon."

altitude

고도, 높이

뜻 고도: 지평선에서 물체까지의 거리

(도형의) 높이: 한 꼭짓점에서 대변(대면)에 수직으로 내린 선분(의 길이)

설 명 사전적 의미는 고도이며 특히 삼각함수법칙(사인법칙, 코사인법칙)과 관련된 문장제에서 고도를 구하는 경우 자주 등장하는 단어이다. 하지만 기하학에서 평면도형 또는 입체도형의 높이의 의미로도 사용되며 height와 거의 같은 의미를 지닌다. altitude와 height는 둘 다 한 꼭짓점에서 그 대변에 내린 수선을 의미하며 그 길이를 나타낼 때도 같은 단어를 사용한다.

시각적 표현

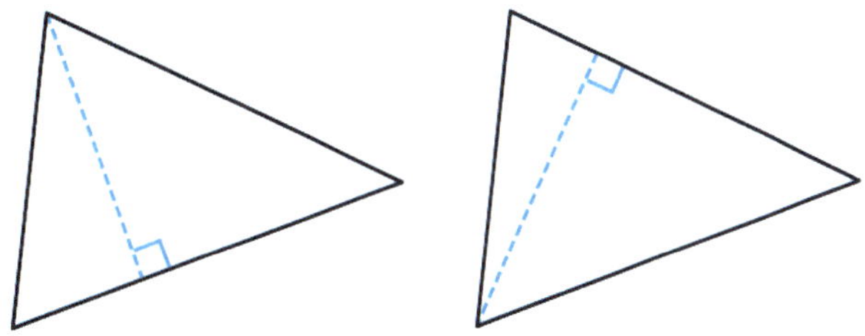

CCSSM

The Pythagorean Theorem using similarity

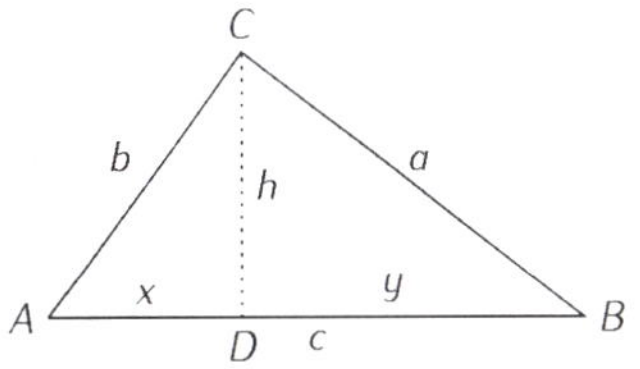

Given a right triangle ABC with right angle at C, drop an altitude from C to AB to decompose the triangle into two smaller triangles. Using the facts that the sum of the angles at C is $90°$ and the sum of the angles in each triangle is $180°$, we see that $\angle DAC$ is congruent to $\angle DBC$. Also, all three triangles have a right angle. So, by the AA criterion for similarity, $\triangle ACD$ and $\triangle CBD$ are similar to $\triangle ABC$, so

$$\frac{a}{c} = \frac{y}{a} \quad \text{and} \quad \frac{b}{c} = \frac{x}{b}$$

and therefore

$$a^2 + b^2 = c(x + y) = c^2.$$

A

IM

Triangle ABC is graphed.

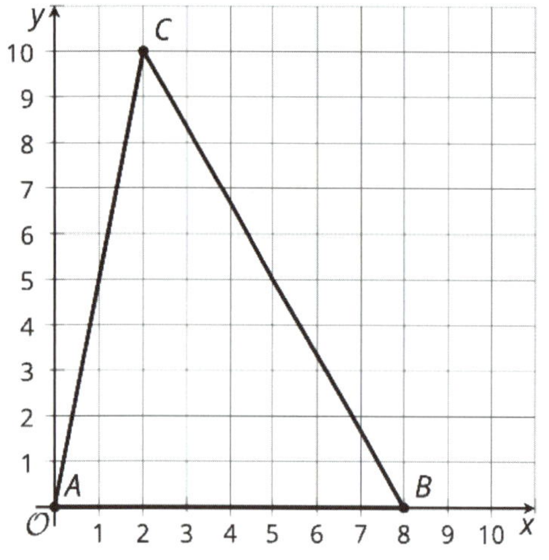

1. Find the slope of each side of the triangle.
2. Find the slope of each altitude of the triangle.
3. Sketch the altitudes. Label the point of intersection H.
4. Write equations for all 3 altitudes.
5. Use the equations to find the coordinates of H and verify algebraically that the altitudes all intersect at H.

amplitude

진폭

뜻 파동이나 진동이 변하는 양으로 주기함수의 중심(midline)에서 최댓값 또는 최솟값까지의 거리로 정의된다.

설 명

• 최댓값과 최솟값의 차의 반으로 구할 수 있다.

• 소리의 경우 진폭이 클수록 소리가 커진다.

기 호 f가 t의 주기함수일 때,

진폭: $\dfrac{\max(f(t))-\min(f(t))}{2}$

시각적 표 현

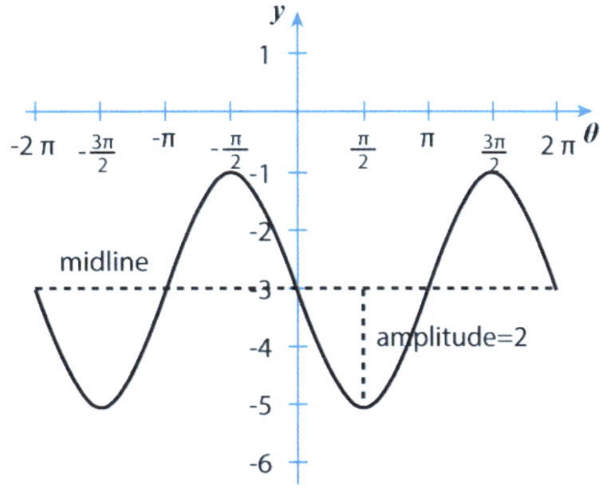

IM

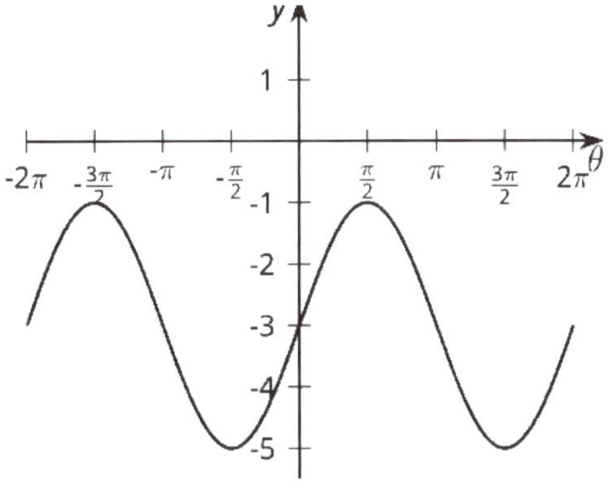

Here is a graph of the equation
$y = 2\sin(\theta) - 3$.

1. Indicate the midline on the graph.
2. Use the graph to find the amplitude of this sine equation.

A

angle bisector

각의 이등분선

뜻 주어진 각을 같은 크기의 두 각으로 나누는 직선

시각적 표현

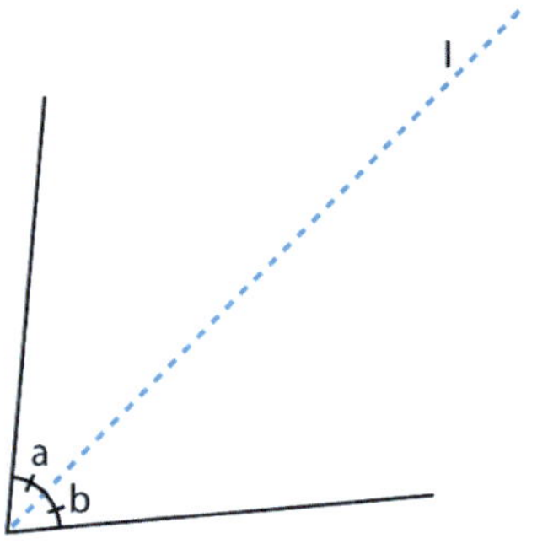

예 위 그림에서 직선 l이 전체각의 이등분선이고 각 a의 크기가 40도라면 각 b의 크기도 40도이다.

IM

Here is an angle BAC with 2 different sets of markings.

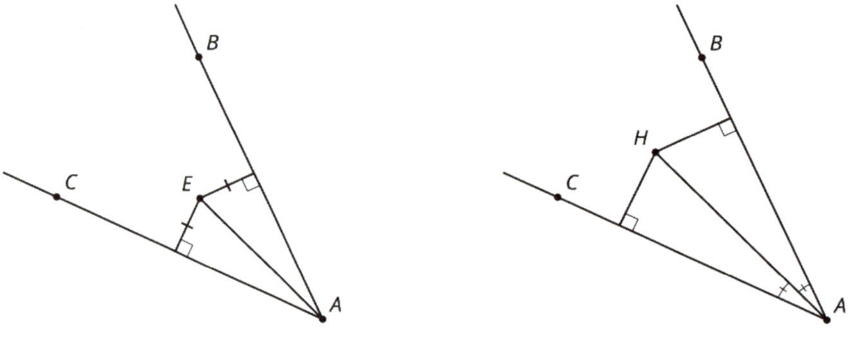

1. Point E is the same distance away from each side of angle BAC. Make a conjecture about angles EAB and EAC and prove it.
2. Point H is on the angle bisector of angle BAC. What can you prove about the distances from H to each ray?

apex

(원뿔 또는 각뿔의) 꼭짓점

뜻 원뿔에서는 밑면에서 가장 멀리있는 한 개의 점을 원뿔의 꼭짓점이라 한다. 각뿔에서는 꼭짓점 중에서도 옆면이 모두 만나는 점을 각뿔의 꼭짓점이라 한다.

시각적 표현

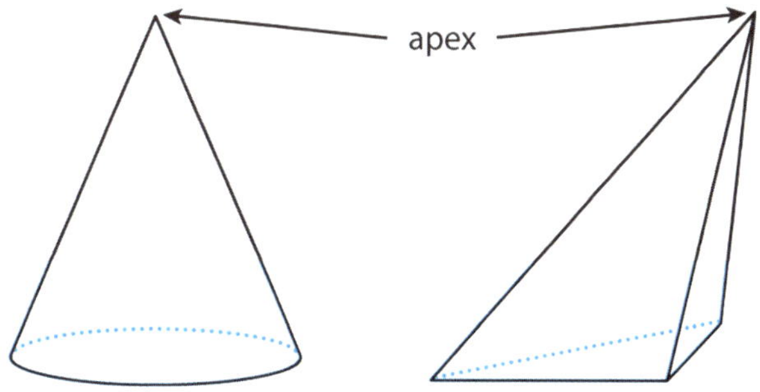

CCSSM

Different cones with the same base

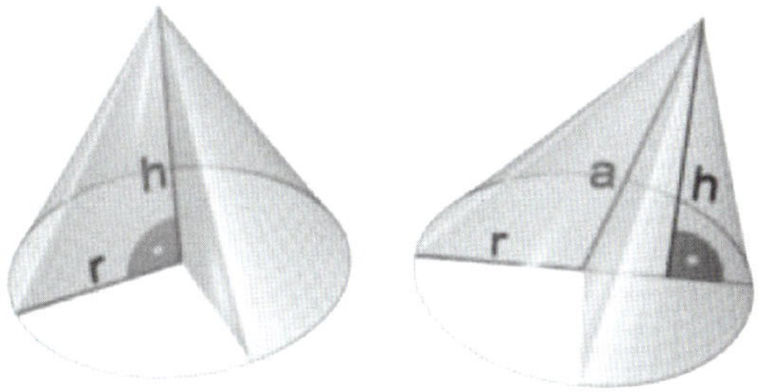

A *cone* is formed by drawing segments from a two-dimensional figure to a point that lies outside the plane of the figure; to be precise, it is the set of all line segments from the point to the figure. The two-dimensional figure is called the *base* of the cone, and the point, its *apex*. The two cones shown above have the same base (a circle) but different heights. The height of the cone on the left intersects the center of the base (thus, the cone is a right cone), the other height does not.

A

IM

Problem 7

A cone-shaped container is oriented with its circular base on the top and its apex at the bottom. It has a radius of 18 inches and a height of 6 inches. The cone starts filling up with water. What fraction of the volume of the cone is filled when the water reaches a height of 2 inches?

A:

$\frac{1}{729}$

B:

$\frac{1}{27}$

C:

$\frac{1}{9}$

D:

$\frac{1}{3}$

arc

호

뜻 원 위에 두 점을 잡으면 원은 두 부분으로 나누어진다. 이 두 부분을 각각 호라고 한다.

기 호 원 위의 두 점을 A, B라고 하면 양 끝 점이 A, B인 호를 호 AB라 하고, 이것을 기호로

$$\widehat{AB}$$

와 같이 나타낸다.

시각적 표 현 다음 그림에서 파란 부분이 호이다.

원에서 파란 부분이 아닌 부분도 호가 된다.

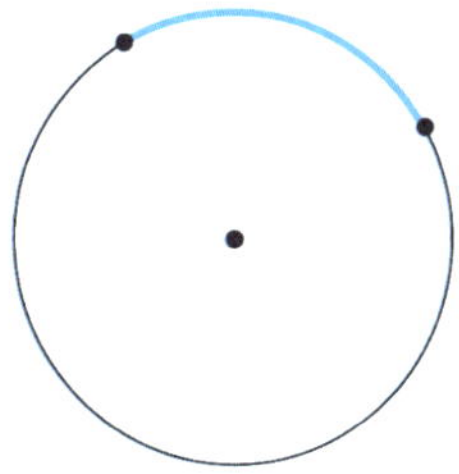

IM

A **sector** of a circle is the region enclosed by 2 radii.

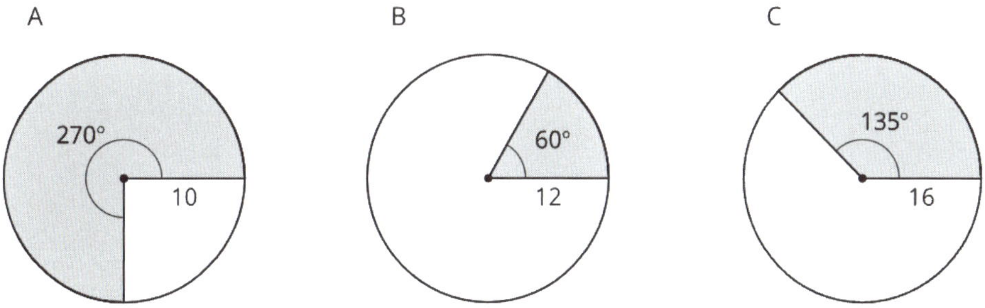

For each circle, find the area of the shaded sector and the length of the arc that outlines the sector. All units are centimeters. Give your answers in terms of π.

arccosine

아크코사인

뜻 코사인함수의 역함수

설 명

• 역함수에서는 정의역과 치역이 서로 바뀌므로 아크코사인 함수의 정의역은 -1과 1 사이의 수, 치역은 0도(0 라디안)

A

에서 180도(π 라디안)가 되어 아크코사인은 해당 수의 코사인이 되는 각으로 나타난다.

- 미국에서는 삼각함수가 고등학교 3년째 과정인 Algebra 2에 포함되는 경우가 많다. 영어로는 역함수를 inverse function이라고 표현하고 교과서마다 표기방법이 달라 arcsine/arccosine/arctangent라고 쓰는 경우와 역함수의 일반적인 기호인 '−1' (예, $f^{-1}(x)$)를 사용하여 $\sin^{-1}(x)/\cos^{-1}(x)/\tan^{-1}(x)$ 이라고 쓰는 경우가 있다.

- 아래 IM 사례처럼 Geometry에서는 직각삼각형으로 삼각함수의 역함수를 정의하기 때문에 0에서 90도까지만 사용한다.

IM

The **arccosine** of a number between 0 and 1 is the acute angle
whose cosine is that number.

$$\arccos\left(\frac{\text{adjacent}}{\text{hypotenuse}}\right) = \theta$$

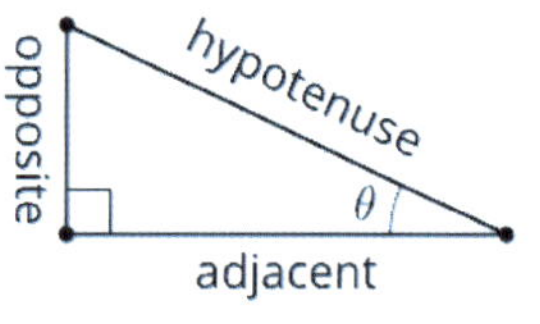

arcsine

아크사인

뜻 아크사인 함수는 사인함수의 역함수로, 사인값이 주어졌을 때 해당 각도를 찾는 함수

A

설 명

- 역함수에서는 정의역과 치역이 서로 바뀌므로 아크사인 함수의 정의역은 -1과 1 사이의 수, 치역은 -90도 ($-\frac{\pi}{2}$라디안)에서 90도 ($\frac{\pi}{2}$라디안)이 되어 아크사인은 해당 수가 사인값이 되는 각으로 나타난다.
- Geometry에서는 직각삼각형으로 삼각함수의 역함수를 정의하기 때문에 0에서 90도까지만 사용한다.

기 호 수학적으로는 아크사인 함수는 다음과 같이 표현될 수 있다:

$$\arcsin(x)=\theta$$

여기서 θ는 $-90°$에서 $90°$까지의 범위에 있는 각도이며, x는 -1에서 1 사이의 값이고, θ에 해당하는 사인값이다.

예 사인 함수에서 $\sin(30°)$은 0.5이다. 여기서 아크사인 함수를 사용하면, $\sin^{-1}(0.5)=30°$가 된다.

IM

The **arcsine** of a number between 0 and 1 is the acute angle
whose sine is that number.

$$\arcsin\left(\frac{\text{opposite}}{\text{hypotenuse}}\right)=\theta$$

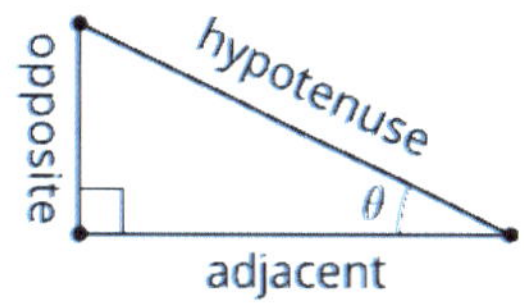

A

arctangent

아크탄젠트

뜻 아크탄젠트 함수는 탄젠트 함수의 역함수로서, 탄젠트값이 주어졌을 때 해당 각도를 찾는 함수이다.

설 명 아크탄젠트 함수는 보통 $-90°$에서 $90°$ 사이의 값을 가진다. 역함수에서는 정의역과 치역이 서로 바뀌므로 아크탄젠트 함수의 정의역은 모든 실수, 치역은 -90도 ($-\frac{\pi}{2}$라디안)에서 90도 ($\frac{\pi}{2}$라디안)이 되어 아크탄젠트는 해당 수의 탄젠트가 되는 각으로 나타난다.

기 호 아크탄젠트 함수는 다음과 같이 표현될 수 있다:

$$\arctan(x) = \theta$$

여기서 θ는 $-90°$에서 $90°$까지의 범위에 있는 각도이며, x는 모든 실수의 값을 가질 수 있고, 그에 해당하는 탄젠트값이다.

예 예를 들어, 탄젠트 함수에서 $\tan(45°)$는 1이다. 여기서 아크탄젠트 함수를 사용하면, $\tan^{-1}(1) = 45°$가 된다.

IM

The **arctangent** of a positive number is the acute angle whose tangent is that number.

$$\arctan\left(\frac{\text{opposite}}{\text{adjacent}}\right) = \theta$$

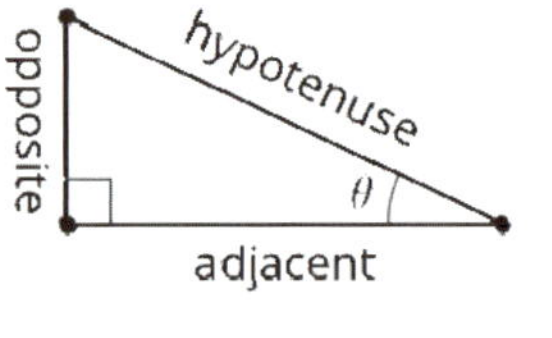

arithmetic sequence

등차수열

뜻 첫째항에서 시작하여 차례대로 일정한 수를 더하여 얻은 수열

설 명 그 일정한 차이를 공차(common difference)라고 한다.

기 호 등차수열은 다음과 같이 나타낼 수 있다:

$$a,\ a+d,\ a+2d,\ a+3d,\ \cdots$$

여기서 a는 초항, d는 공차를 나타낸다. 초항 이후의 각 항은 전항에 공차를 더해 얻어진다. 수열의 n번째 항인 일반항은 $a+(n-1)d$로 나타낸다.

예 초항이 2이고 공차가 3인 등차 수열은 다음과 같다.

$$2,\ 5,\ 8,\ 11,\ 14,\ \cdots$$

이 수열에서 각 항은 전항에 3을 더해 얻는다.

IM

Problem 3

Complete each arithmetic sequence with its missing terms, then state the rate of change for each sequence.

1. -3, -2, ___, ___, 1
2. ___, 13, 25, ___, ___
3. 1, .25, ___, -1.25, ___
4. 92, ___, ___, ___, 80

A

association

연관성

뜻 통계학에서 두 변수 간에 연관성이 있다고 말하는 경우. 두 변수가 통계적으로 서로 관련되어 있고 한 변수의 값이 다른 변수의 값을 추정하는 데 사용될 수 있는 경우를 의미한다.

설 명 일반적으로 두 변수 간의 관계를 나타낸다. 두 변수가 서로 연관되어 있으면, 한 변수의 값이 변할 때 다른 변수의 값도 변할 수 있다. 이러한 관계를 수학적으로 표현하려면 주로 상관계수(correlation coefficient)나 회귀모형(regression model)과 같은 개념이 사용된다.

IM

Problem 3

An automobile dealership keeps track of the number of cars and trucks they have for sale, as well as whether they are new or used. Based on the data, does there appear to be an association between the type of automobile and whether it is new or used? Explain your reasoning.

	car	truck
new	812	233
used	422	51

auxiliary line

보조선

뜻 도형에서 숨겨진 구조를 드러내기 위해 그린 추가적인 선

예 삼각형이나 평행사변형의 높이를 나타내고 싶을 때, 아래 그림처럼 점선에 해당하는 보조선을 사용하여 그릴 수 있다.

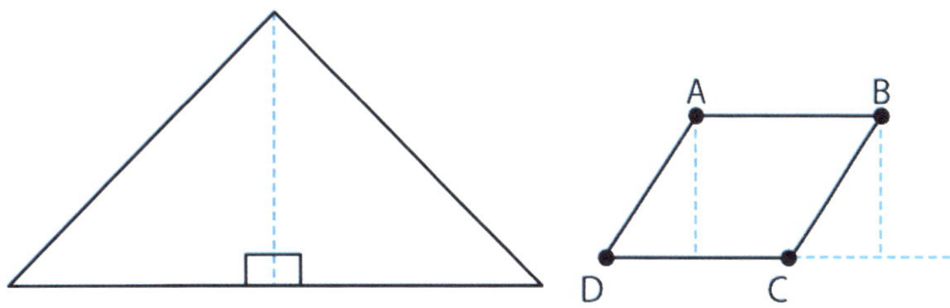

설 명 미국에서도 보통 점선을 사용하여 보조선을 그린다.

IM

"What auxiliary line would you add to the diagram to help you use the Side-Angle-Side Triangle Congruence Theorem to prove that, in a square, the diagonals form 45° angles with the sides?" (Draw diagonal HF. Then you can use the Side-Angle-Side Triangle Congruence Theorem because all the sides are equal and all the right angles are equal. Then because the two triangles are congruent, the angles formed on each side of the diagonal must be equal, so they must be half of 90°, which is 45°.)

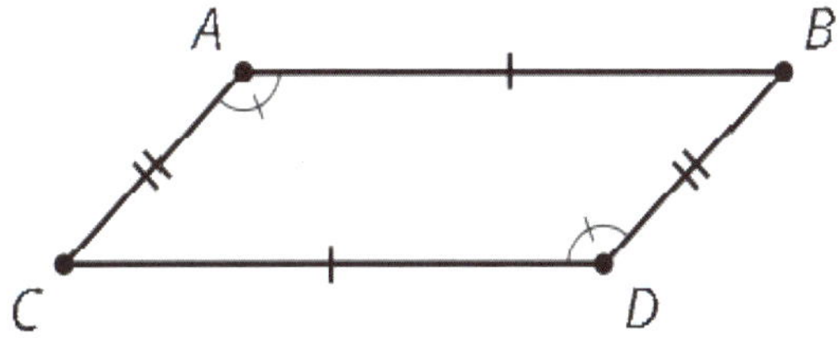

A

average rate of change

평균변화율

뜻 한 변수의 변화에 대한 다른 변수의 변화의 평균적인 비율. 함수에서는 x의 값의 변화량에 대한 y의 값의 변화량의 비율을 뜻한다.

설 명 미국에서는 rate of change가 중요한 수학 개념으로 중학교 8학년때까지는 일차함수에서의 기울기, 즉 일정한 변화율(contant rate of change)을 배우다가 고등학교(9학년 Algebra 1)에서는 다양한 함수의 평균변화율을 배우게 된다. 이 평균변화율은 미분의 기본 개념으로 한국에서는 고등학교 수학에서 미분을 다룰 때 처음 배우는 개념이다.

기 호 a와 b 사이의 평균변화율은 $\dfrac{f(a)-f(b)}{a-b}$, 이는 $(a,\ f(a))$와 $(b,\ f(b))$를 연결하는 직선 그래프의 기울기를 나타낸다.

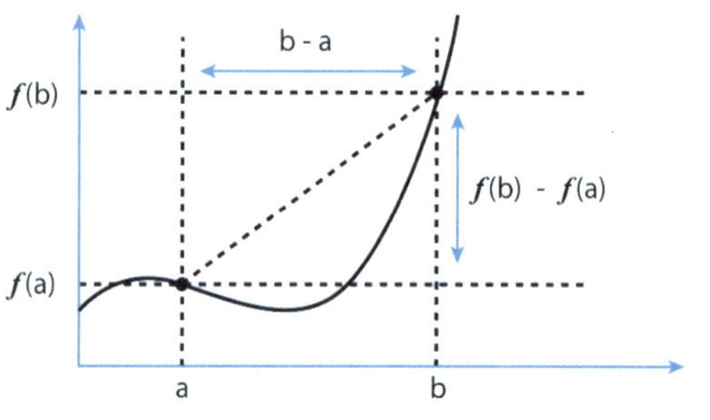

CCSSM

For example, for the function $g(x) = x^2$, the average rate of change from $x = 2$ to $x = 5$ is

$$\frac{g(5)-g(2)}{5-2} = \frac{25-4}{5-2} = \frac{21}{3} = 7.$$

This is the slope of the line from $(2, 4)$ to $(5, 25)$ on the graph of g.

IM

Problem 1

The temperature was recorded at several times during the day. Function T gives the temperature in degrees Fahrenheit, n hours since midnight.

Here is a graph for this function.

For each time interval, decide if the average rate of change is positive, negative, or zero:

1. From $n = 1$ to $n = 5$
2. From $n = 5$ to $n = 7$
3. From $n = 10$ to $n = 20$
4. From $n = 15$ to $n = 18$
5. From $n = 20$ to $n = 24$

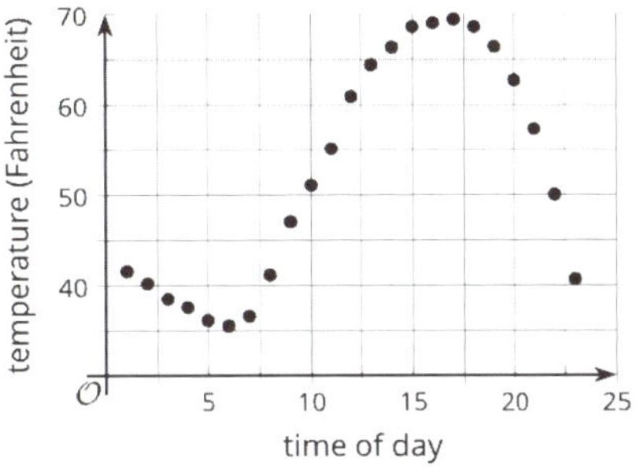

axis of rotation

회전축

뜻 평면도형을 1회전하여 입체도형을 얻을 때 중심이 되는 직선을 말한다. 이때 생기는 입체도형을 회전체라 한다.

시각적 표현 오른쪽 그림에서 파란색 삼각형을 1회전시켜 회전체를 얻었으므로 점선이 회전축이다.

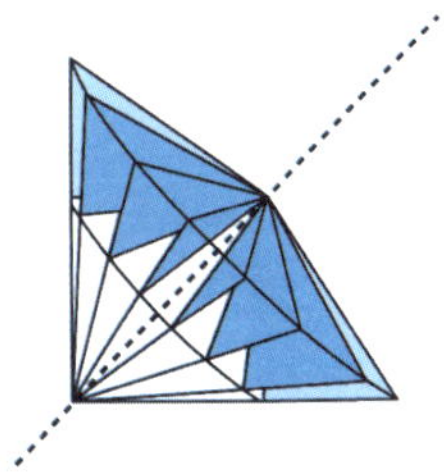

IM

Are you ready for more?

1. Graph $y = -x + 3$ from $x = 1$ to $x = 3$.
2. Sketch the solid of rotation generated by rotating this line using the y-axis as the axis of rotation.
3. What figure is made?
4. The object being rotated here is a line, not a two-dimensional object like in the lesson. How does this affect the result of the rotation?

B

bell-shaped distribution

종모양분포, 정규분포 [normal distribution 참고]

뜻 통계학에서 자주 사용되는 용어로, 분포의 형태가 종모양인 경우를 나타낸다. 종모양 분포는 주로 정규분포(normal distribution)를 지칭하는 데 사용되며, 이 분포는 평균을 중심으로 하며 양쪽으로 좌우 대칭인 종모양의 곡선을 가진다.

설 명 정규분포는 통계학에서 매우 중요하며, 다양한 현상에서 나타나는 자연스러운 분포를 설명하는 데 사용된다. 종모양 분포는 평균 주위에 많은 변량들이 모여 있고, 평균에서 멀어질수록 값이 적어지는 형태를 지닌다.

시각적 표 현 아래 그림은 dot plot으로 종모양분포를 보여준다.

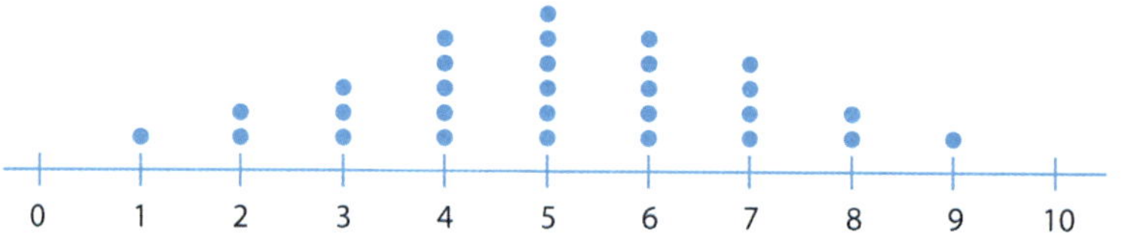

bimodal distribution

이봉분포

뜻 통계학에서 사용되는 용어로, 자료가 두 개의 최빈값 또는 꼭짓점을 갖는 경우를 나타낸다. 이는 히스토그램이나 확률밀도함수로 시각화될 때 두 개의 봉우리가 나타나는 분포를 의미한다.

설 명

- 수학적으로 이봉분포는 주로 두 개의 최빈값(mode)을 가진 분포로 설명된다. 최빈값은 자료에서 빈도가 가장 높은 값으로, 이봉분포에서는 두 개의 높은 빈도를 나타낸다. 각 최빈값 주위의 데이터가 비슷한 빈도로 나타나므로, 전체 분포가 두 개의 봉우리로 나타난다.
- 미국 고등학교 수학과정에서 통계과목은 졸업을 위한 필수과목은 아니지만 기본적인 통계개념은 Algebra 1과 2에 포함되는 경우가 많다. 미국의 대표적인 교과서 중의 하나인 Illustrative Mathematics에서는 이봉분포를 포함한 분산의 개념과 종류가 Algebra 1에 포함된다.

시각적 표 현 아래 이봉분포 그래프에서 가장 높은 빈도를 보이는 값은 2와 7이다.

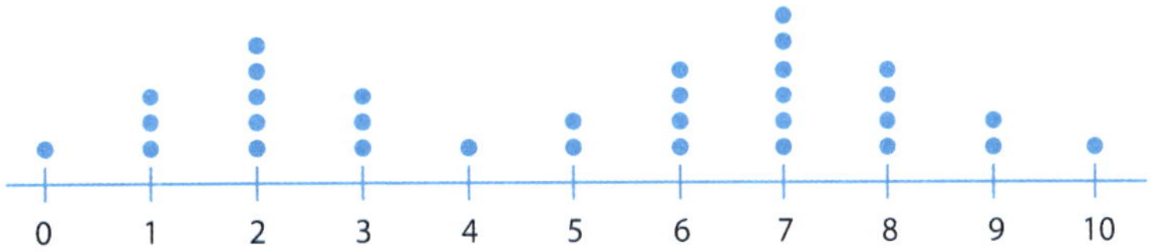

C

categorical variable

범주형 변수

뜻 범주형 변수는 통계학에서 사용되는 용어로, 변수가 여러 범주 또는 카테고리 중 하나에 속하는 경우를 나타낸다.

설 명 이러한 변수는 주로 명목형 변수와 순서형 변수로 나뉘며, 각 범주는 상호 배타적이고 서로 구별된다.

예 예를 들어, 색상은 빨강, 파랑, 초록 등의 값을 가질 수 있는 범주형 변수이다.

IM

1. Work with your group to identify a pair of categorical variables you think might be associated and another pair you think would not be associated.
2. Imagine your group collected data for each pair of categorical variables. Create a two-way table that could represent each set of data. Invent some data with 100 total values to complete each table. Remember that one table shows a possible association, and the other table shows no association.
3. Explain or show why there appears to be an association for the first pair of variables and why there appears to be no association for the other pair of variables.
4. Prepare a display of your work to share.

causal relationship

인과 관계

뜻 한 사건(event)이 다른 사건에 직접적으로 영향을 미치는 관계를 나타낸다.

설 명 흔히 조건관계와 비교된다. 통계학에서는 인과 관계를 수학적으로 정의하기가 어렵기 때문에 주로 관찰된 데이터나 실험 결과(outcomes)를 통해 인과 관계를 추론하는 방식으로 다루어진다.

예 예를 들어 흡연과 폐암 발생의 인과 관계, 교육 수준과 수입의 인과 관계를 통계 연구를 통해 밝혀낼 수 있다.

IM

Describe a pair of variables with each condition. Explain your reasoning.

1. Two variables with a **causal relationship**.
2. The variables are strongly related, but a third factor might be the cause for the changes in the variables.
3. The variables are only weakly related.

Cavalieri's Principle

카발리에리의 원리

뜻 카발리에리의 원리(Cavalieri's Principle)는 두 입체도형이 각 높이별로 (또는 평행한 단면별로) 동일한 단면적을 가진 경우, 이 두 물체의 부피가 동일하다는 것을 설명한다.

설 명 17세기 이탈리아 수학자 보나벤투라 카발리에리에 의해 개발된 기하학적 개념으로, 그의 이름을 따라 카발리에리의 원리라고 불린다.

IM

C

Are you ready for more?

The image shows a recomposition of a solid.

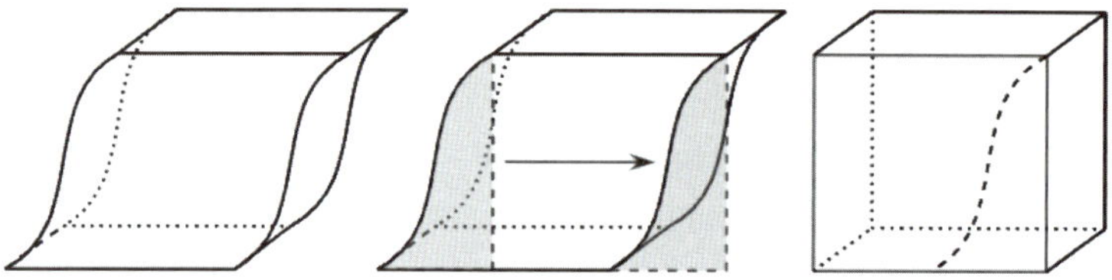

How does this demonstrate Cavalieri's Principle?

central angle

중심각 [▶ radian 참고]

뜻 원 위의 서로 다른 두 점과 원의 중심을 연결할 때 두 반지름이 이루는 각. 중심각은 원의 중심에서 원 위에 있는 두 점 간의 각도를 측정하며, 이 각도는 원의 중심에서 나가는 두 반직선에 의해 형성되는 각의 크기이다.

설 명 중심각은 일반적으로 도(degree) 또는 라디안(radian)으로 측정되며, 라디안의 경우, 원의 중심에서 해당 각도의 호(arc)가 반지름의 몇 배에 해당하는지에 따라 측정된다.

예 아래 그림처럼 같은 두 점에 대한 중심각은 두 개가 생긴다.

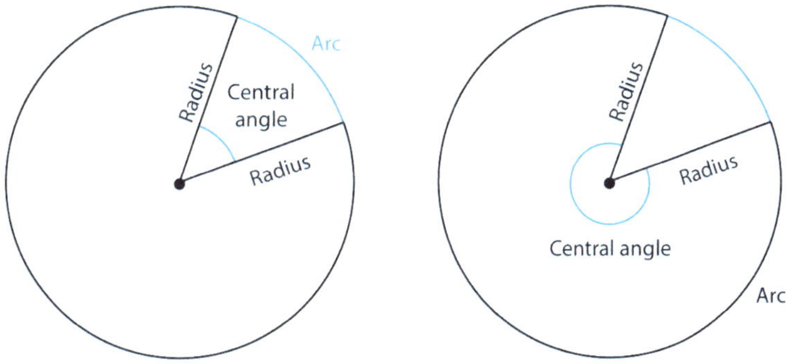

IM

3. The images show some angles that are **central angles**, and some that are not.

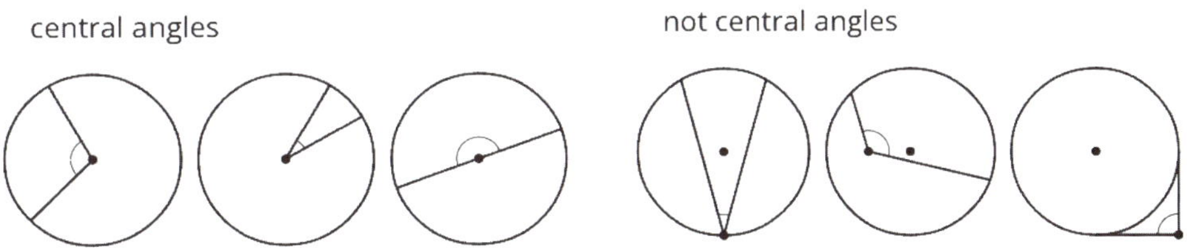

chord

현

뜻 원 위의 두 점을 이은 선분

시각적 표현

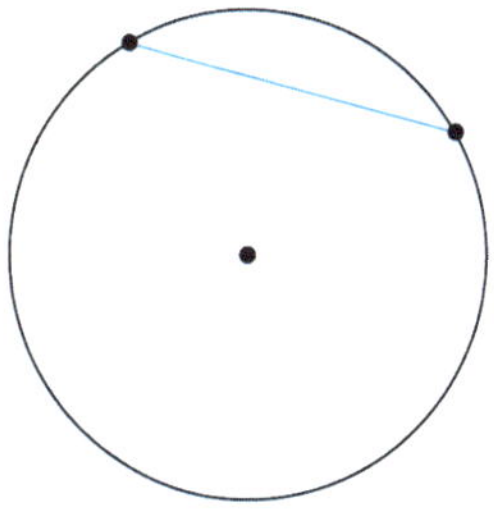

IM

1. The images show some line segments that are **chords** and some segments that are not chords.

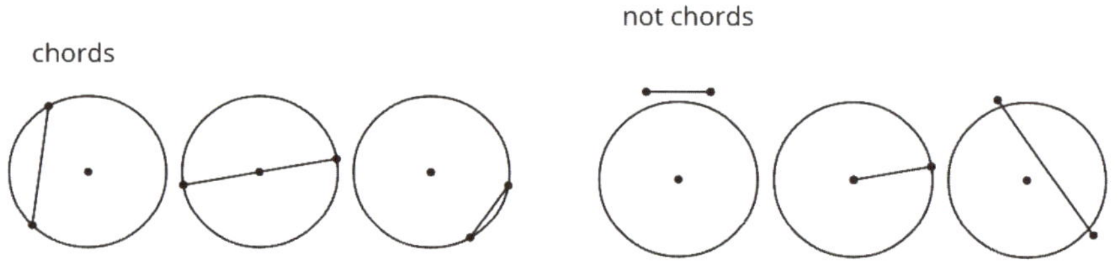

circle

원

뜻 평면 위의 한 점 O에서 일정한 거리에 있는 모든 점으로 이루어진 도형. 반지름이 r이고 중심이 O인 원은 O로부터 거리가 r인 모든 점들의 집합이다.

기 호 $|\mathrm{OP}|=r$을 만족하는 점 P의 집합이라고도 설명한다. 원의 중심 O의 좌표가 (a, b)일 때 원의 방정식을 다음과 같이 쓸 수 있다.

$$(x-a)^2+(y-b)^2=r^2$$

시각적 표 현

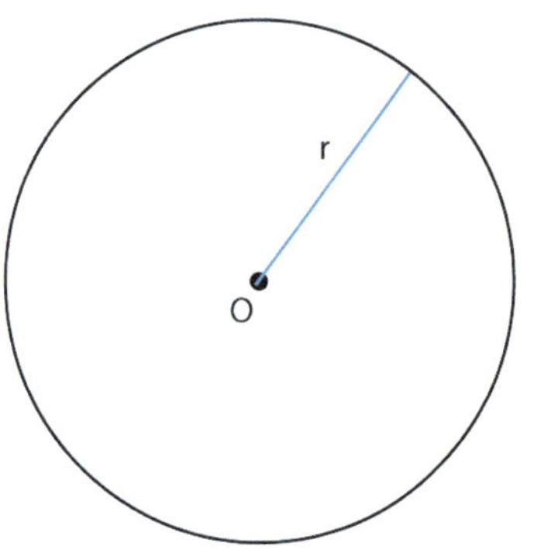

예 반지름이 3이고 중심이 O인 원을 그리려면 컴퍼스의 축이 되는 다리를 중심 O에 놓고 컴퍼스의 두 다리를 3만큼 벌려 한 바퀴 돌려서 그린다.

IM

The image shows a circle with center $(6, 10)$ and radius 17 units.

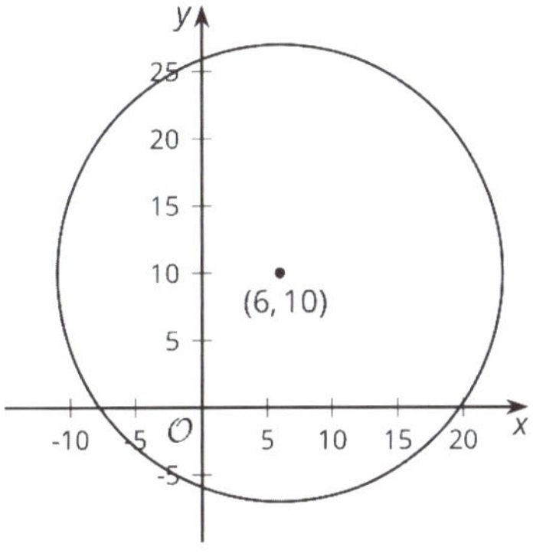

1. The point $(14, 25)$ looks like it might be on the circle. Verify if it really is on the circle. Explain or show your reasoning.
2. The point $(22, 3)$ looks like it might be on the circle. Verify if it really is on the circle. Explain or show your reasoning.
3. In general, how can you check if a particular point (x, y) is on the circle?

circumcenter

외심

뜻 삼각형의 세 꼭짓점으로부터 같은 거리에 있는 점으로, 외접원의 중심이다.

기호 삼각형의 각 꼭짓점에서 외심까지의 거리는 모두 같다. 삼각형의 외심은 외접원의 중심이고, 삼각형의 세 꼭짓점은 외접원 위에 있는 점이기 때문에 세 꼭짓점으로부터 외심까지의 거리는 외접원의 반지름으로 모두 동일해야 한다. 삼각형의 각 변의 중점에서 그은 수선들이 만나는 점이 외심이 된다.

C

IM

Are you ready for more?

Points A, B, and C are graphed. Find the coordinates of the circumcenter and the radius of the circumscribed circle for triangle ABC.

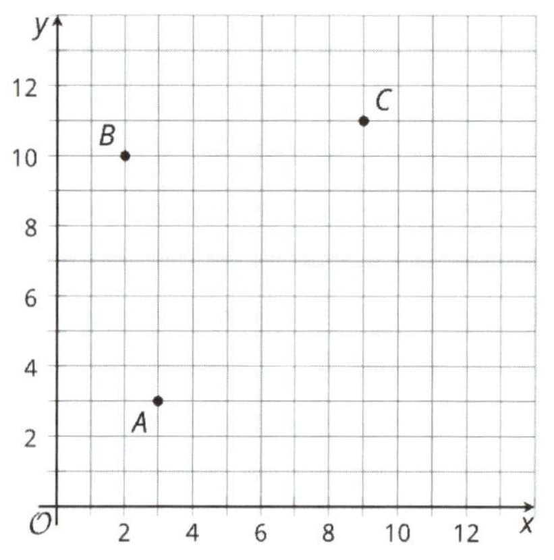

circumscribed

외접한다, 외접하는

뜻 다음 그림처럼 다각형이 원 안에 들어가 있고 다각형의 모든 꼭짓점이 원 위에 있다면, 원이 다각형에 외접한다고 하고 그 원은 다각형의 외접원(circumscribed circle)이다. 반대로 원이 다각형의 내부에 위치하고 모든 변에 접할 때 다각형이 원에 외접한다고 말한다.

설 명 아래 왼쪽 그림의 경우, 다각형이 원에 내접해있다고도 말할 수 있다. 내접과 외접은 항상 동시에 일어나며 상대적이다.

시각적 표현

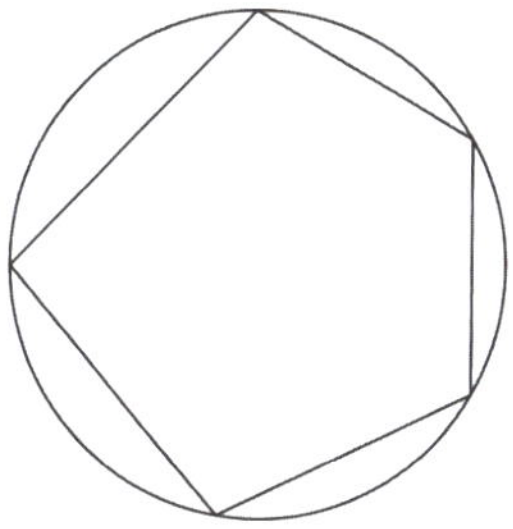

외접원
(circumscribed circle)

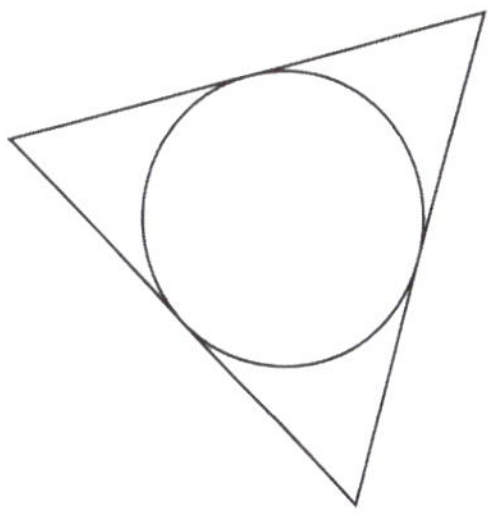

외접다각형
(circumscribed polygon)

IM

2. Here is another quadrilateral with a circumscribed circle. What is the value of $\alpha + \beta$? Explain or show your reasoning.

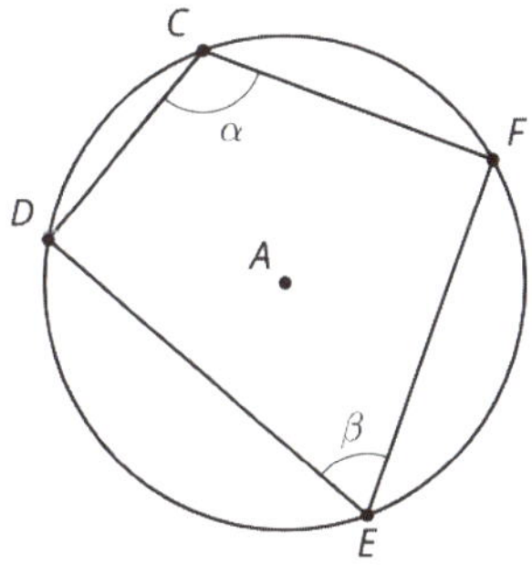

completing the square

완전제곱식 만들기 [perfect square 참고]

뜻 다항식이나 방정식을 완전제곱식으로 만드는 과정

설 명

- 이차식을 정확한 제곱의 형태로 표현하는 방법으로 이차방정식의 해를 구하거나 그래프를 그릴 때 유용하게 사용된다.
- 아래 IM 문제에서는 'perfect squares'라는 표현이 쓰였는데, completing the square 과정을 통해 만들어진 결과물로 거의 같은 의미를 가진다.

기 호 이차식을 완전제곱식 형태로 만들면, $a(x+p)^2-q$ 형태가 된다. 여기서 a, p, q는 상수다. 만약 a가 1이고 q가 0이면 완전제곱식(perfect square)가 된다.

IM

Here is a diagram made of a square and two congruent rectangles. Its total area is $x^2 + 35x$ square units.

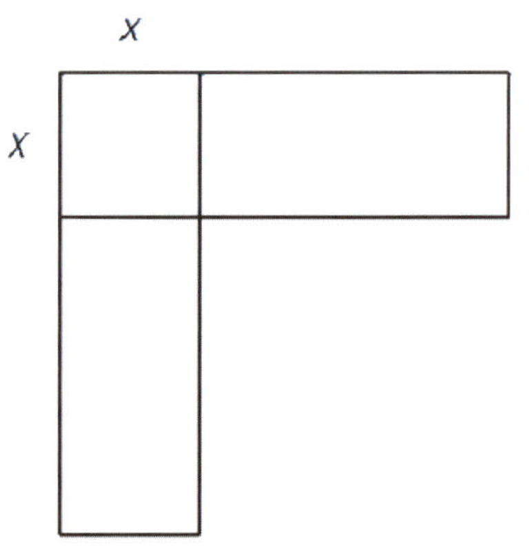

1. What is the length of the unlabeled side of each of the two rectangles?
2. If we add lines to make the figure a square, what is the area of the entire figure?
3. How is the process of finding the area of the entire figure like the process of building perfect squares for expressions like $x^2 + bx$?

complex number

복소수 [imaginary number 참고]

뜻 복소수 평면에 존재하는 수로 실수 부분과 허수 부분으로 이루어진다.

설 명 복소수를 복소 평면에 나타낼 때 가로축에 실수 부분, 세로축에 허수 부분을 나타낸다.

기 호 $a+bi$의 꼴로 쓰여지며 a와 b는 실수이다.

예 복소수 $3+5i$에서 3은 실수 부분이고, $5i$는 허수 부분이다.

IM

1. This diagram represents $(2+3i)+(-8-8i)$.

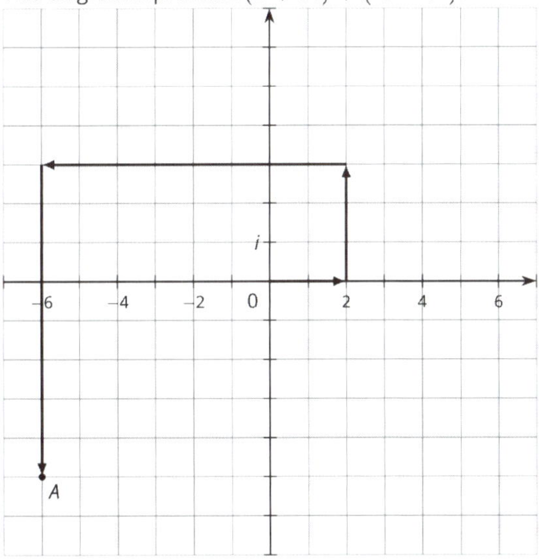

a. How do you see $2+3i$ represented?
b. How do you see $-8-8i$ represented?
c. What complex number does A represent?
d. Add "like terms" in the expression $(2+3i)+(-8-8i)$. What do you get?

conditional probability

조건부 확률

C

뜻 하나의 사건이 일어났을 때 다른 사건이 일어날 확률. 조건부 확률은 주어진 조건 아래에서의 확률을 계산하는 데 사용된다.

기 호 두 사건 A와 B에 대하여 조건부 확률은

$$P(A \mid B) = \frac{P(A \cap B)}{P(B)}$$

CCSSM

HIV risk by age groups, in percent of population

	Age	18–24	25–44	45–64	Row Total
Not at risk	Row %	14.0	59.6	26.4	100.0
	Column %	35.0	51.7	27.2	
	Total %	5.6	23.6	10.5	39.6
At risk	Row %	17.1	36.5	46.4	100.0
	Column %	65.0	48.3	72.8	
	Total %	10.3	22.0	28.1	60.4
Column total	Row %	15.9	45.6	38.5	100.0
	Column %	100.0	100.0	100.0	100.0
	Total %	15.9	45.6	38.5	100.0

Source: Center for Disease Control,
http://apps.nccd.cdc.gov/s_broker/WEATSQL.exe/weat/freq_year.hsql

For example, the percentages in the table for HIV risk by age group can be used to approximate probabilities of HIV risk with respect to age or age with respect to HIV risk for a randomly selected adult from the U.S. population of adults. Emphasizing the conditional nature of the row and column percentages:

P(adult is age 18 to 24 | adult is at risk)=0.171

whereas

P(adult is at risk | adult is age 18 to 24)=0.650

Comparing the latter to

P(adult is at risk | adult is age 25 to 24)=0.483

C

congruent

합동

뜻 모양과 크기가 같아서 포개었을 때 완전히 겹쳐지는 두 도형을 서로 합동이라 한다. 평행, 대칭, 회전 이동에 의해 한 도형이 다른 도형에 완전히 겹쳐지므로 원래 도형과 그 상(image)은 합동이다.

설 명 첫째 도형을 둘째 도형으로 옮기는 일련의 평행, 대칭, 회전 이동이 있는 경우 두 도형이 합동이라고 말한다.

두 삼각형에서 대응각의 크기와 대응변의 길이가 각각 같으면 합동이다. 삼각형에는 대응각이 3쌍, 대응변이 3쌍 있어 6개 요소가 각각 같은 두 삼각형은 합동이지만, 6개를 다 확인하지 않고도 합동인지 알 수 있다. 이를 삼각형의 합동 조건이라 하고 다음과 같은 세 가지를 말한다.

<삼각형의 합동 조건>

- SSS 두 삼각형의 세 대응변의 길이가 같은 경우
- SAS 두 삼각형의 두 대응변의 길이가 같고 그 끼인각의 크기가 같은 경우

• ASA 두 삼각형의 한 대응변의 길이가 같고 양 끝각의 크기가 각각 같은 경우

기 호 미국 수학에서 합동을 나타내는 기호는 ≅이다. 아래 예처럼 삼각형 ABC와 삼각형 DEF가 합동이라면 △ABC ≅△DEF로 쓴다.

시각적 표 현

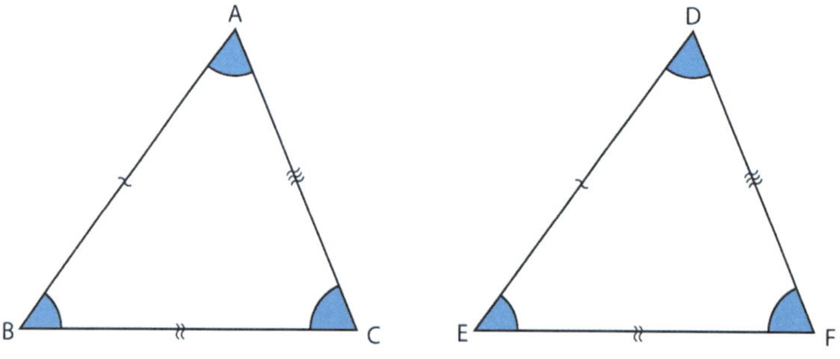

IM

Triangle ABC is congruent to triangle DEF.

$\triangle ABC \cong \triangle DEF$

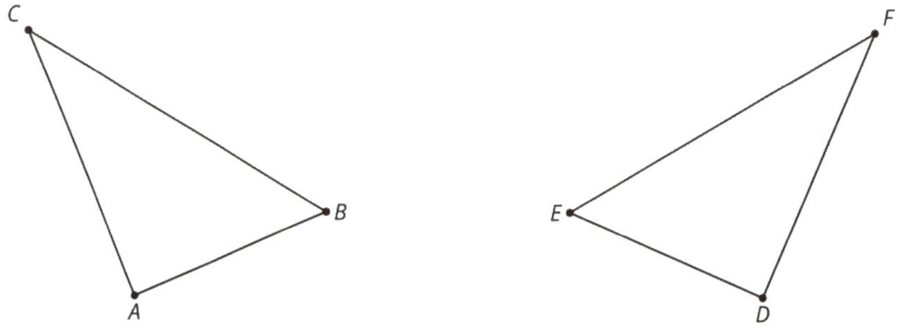

1. Find a sequence of rigid motions that takes triangle ABC to triangle DEF.
2. What is the image of segment BC after that transformation?
3. Explain how you know those segments are congruent.
4. Justify that angle ABC is congruent to angle DEF.

constraint

제약조건

뜻 제약조건은 수학에서 주어진 문제나 시스템에 대해 적용되는 제한 또는 조건을 나타낸다. 특정 변수들 간의 관계, 부등식, 등식, 또는 특정한 규칙 등으로 표현된다.

예 예를 들어, 최적화 문제에서는 주어진 함수를 최대화 또는 최소화하는 과정에서 특정 변수에 대한 제약조건이 있을 수 있다. 이러한 제약조건은 가능한 해를 제한하거나 조절하는 데 사용된다. 일반적으로 부등식이나 등식으로 표현되며, 특정 변수의 값이 특정 범위 내에 있거나 특정한 관계를 만족해야 한다는 것을 나타낸다.

IM Kiran says we should add the constraint $t \geq 0$.

1. What is the reasoning behind this constraint?
2. What other "natural constraint" like this should be added?

correlation coefficient

상관 계수

뜻 두 변수 간의 선형 상관 관계의 강도와 방향을 측정하는 통계적 지표. -1에서 1 사이의 수로 나타낸다. 상관 계수의 부호는 최적화된 직선의 기울기의 부호와 동일하다. 상관 계수가 0에 가까울수록 선형 관계가 약하며, 상관 계수가 1 또는 -1에 가까울수록 선형 모델이 데이터와 더 잘 맞는다.

기 호 $$r = \frac{\Sigma(X_i - \overline{X})(Y_i - \overline{Y})}{\sqrt{\Sigma(X_i - \overline{X})^2 \Sigma(Y_i - \overline{Y})^2}}$$

여기서,

- X_i, Y_i는 각각 변수 X와 Y의 개별 데이터 포인트이다.
- $\overline{X}$, $\overline{Y}$는 각각 변수 X와 Y의 평균값이다.

시각적 표 현 첫째 그림은 1에 가까운 상관 계수를 보여주고, 둘째 그림은 양수지만 0에 가까운 상관 계수를 나타내며, 셋째 그림은 -1에 가까운 상관 계수를 보여준다.

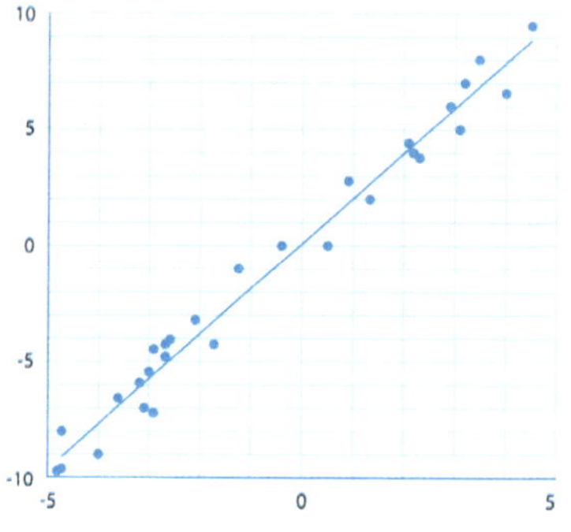

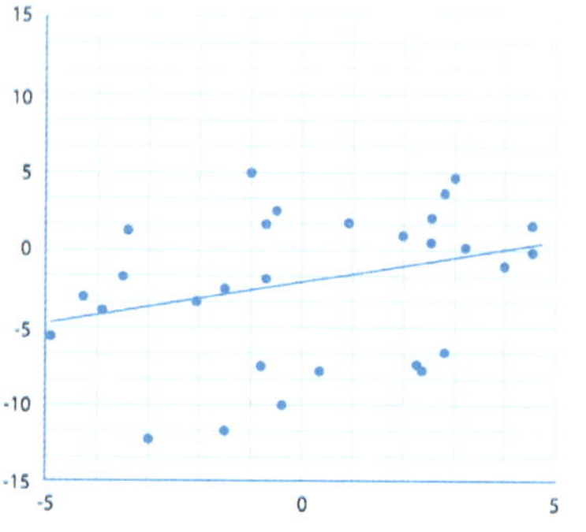

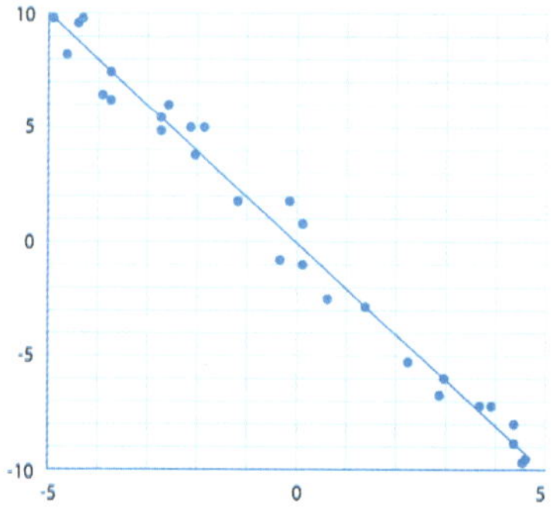

IM

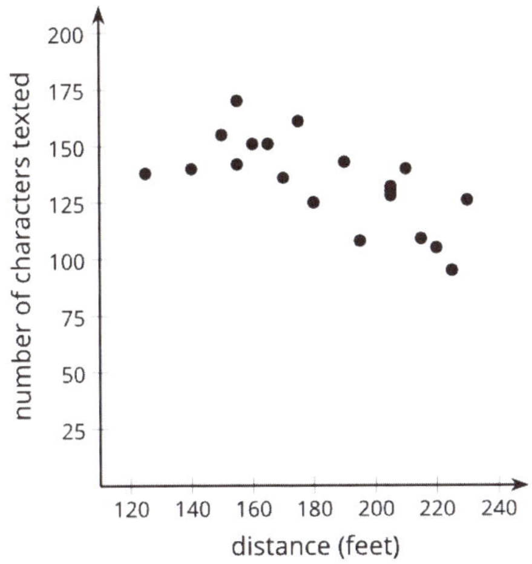

1. What do you notice about the 2 scatter plots?
2. Jada noticed that her friends walked further and texted faster during the last 20 walks than they did during the first 20 walks. Since both were faster, she predicts that the correlation coefficient of the line of best fit for the last 20 walks will be closer to -1 than the correlation coefficient of the line of best fit for the first 20 walks. Do you agree with Jada? Explain your reasoning.
3. Use technology to find an equation of the line of best fit and the correlation coefficient for each data set. Was your answer to the previous question correct?
4. Why do you think the correlation coefficients for the 2 data sets are so different? Explain your reasoning.

cosine

코사인

뜻 직각삼각형에서 $\frac{(\text{밑변})}{(\text{빗변})}$, 곧 빗변에 대한 밑변의 비율이다.

설 명 코사인은 주어진 각의 삼각비를 나타내며, 각이 커짐에 따라 코사인 값은 감소한다. 코사인은 주로 삼각함수의 다른 함수와 함께 사용되며, 삼각형의 각을 이용하여 변의 길이를 계산하는 데 사용된다.

직각삼각형에서 한국 용어로 밑변, 높이라 부르는 변을 미국에서는 adjacent side(인접변)과 opposite side(대변)라 한다.

C

기 호 각을 θ로 표시하고, 그 각에 대한 코사인을 $\cos(\theta)$, 또는 $\cos\theta$로 표시한다. $\theta=50°$이면 $\cos 50°$이지만 도(°) 기호를 생략하고 $\cos(50)$이라고도 쓸 수 있다.

수학적으로, 직각삼각형에서 주어진 각 θ에 대한 코사인은 다음과 같이 정의된다.

$$\cos(\theta)=\frac{(\text{밑변의 길이})}{(\text{빗변의 길이})}$$

IM

1. Use your calculator to determine the values of $\cos(50)$, $\sin(50)$, and $\tan(50)$.
2. Use your calculator to determine the values of $\cos(40)$, $\sin(40)$, and $\tan(40)$.
3. How do these values compare to your chart?
4. Find the value of z.

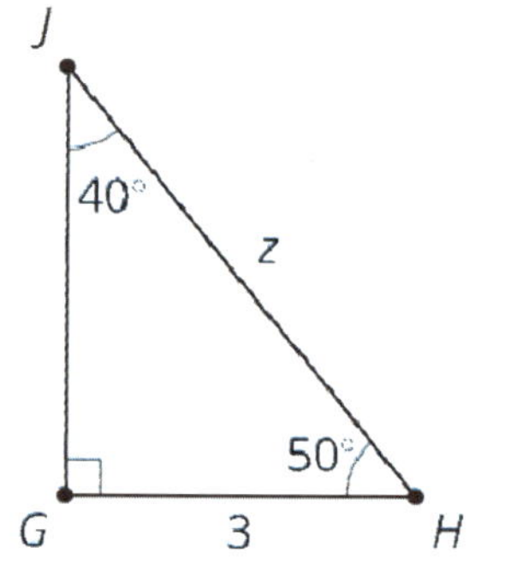

cyclic quadrilateral

원의 내접사각형 [▶ circumscribed 참고]

뜻 원에 내접하는 사각형으로 네 꼭짓점이 모두 원에 위치한다.

설 명 사각형이 원에 내접할 때 대각(opposite angle)의 합은 180도이다. 즉, 사각형 ABCD가 원에 내접한다면, ∠A+∠C=180도이고, ∠B+∠D=180도이다.

시각적 표 현 아래 그림에서 사각형 ABCD가 원에 내접하고 있다.

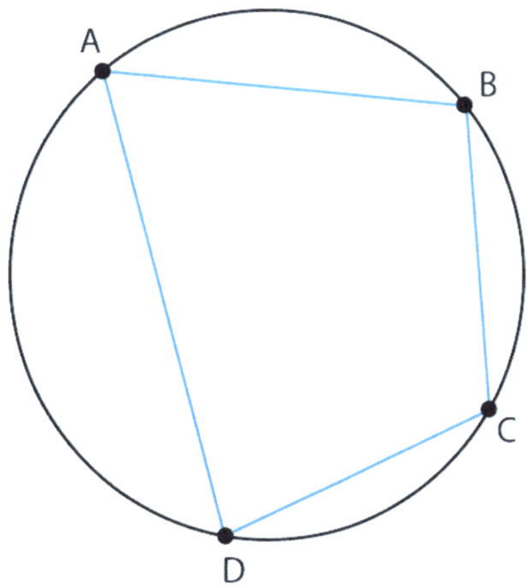

IM

1. The images show 3 quadrilaterals with **circumscribed** circles.

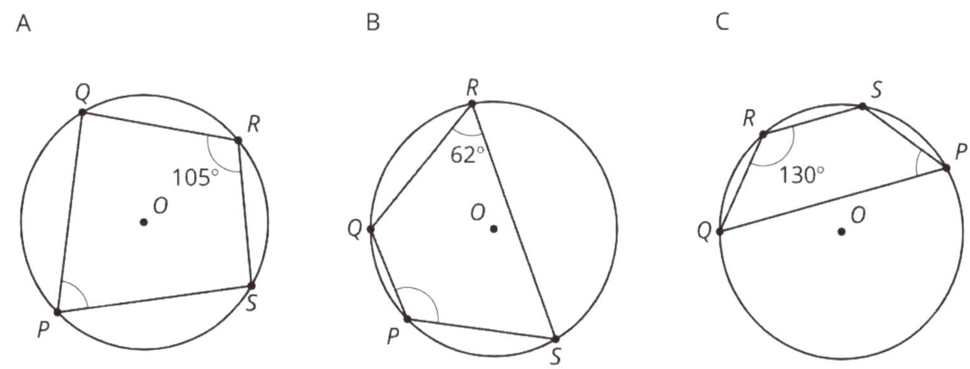

For each one, highlight the arc from S to Q passing through P. Then, find the measures of:

a. the arc you highlighted

b. the other arc from S to Q

c. angle SPQ

D

decreasing (function)

감소(함수)

뜻 input(독립변수)이 커짐에 따라 output(종속변수)이 작아지며, 좌측에서 우측으로 이동함에 따라 하강하는 그래프가 나타나는 함수를 감소함수라 한다.

예 함수가 전체적으로는 증가하는 구간이 있어도 제한된 정의역의 범위에서만 감소할 수도 있다. 예를 들어, 아래 그래프에서는 y축의 오른쪽인, 정의역의 양수 부분에서 감소한다.

시각적 표현

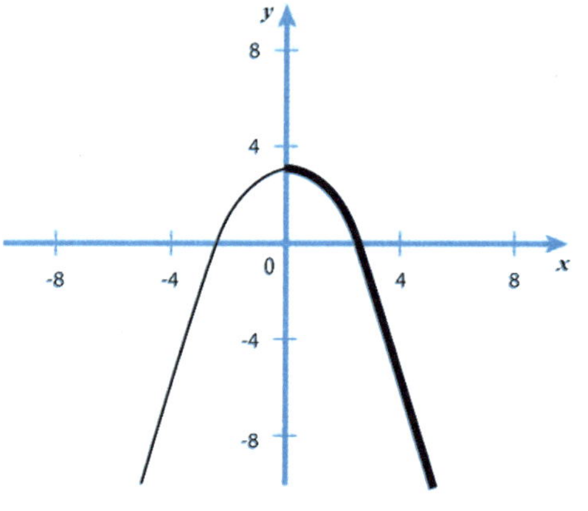

IM The graph represents the temperature in degrees Fahrenheit as a function of time.

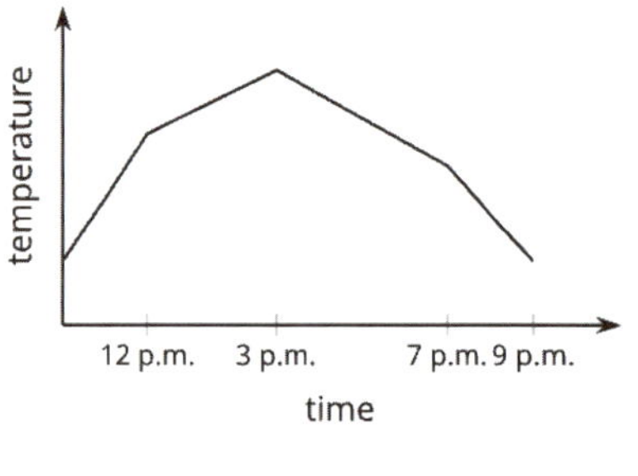

Tell the story of the temperature throughout the day.

Identify the maximum and minimum of the function and where the function is increasing and decreasing.

degree

차수

뜻 다항식의 차수는 포함된 항의 차수 중 가장 큰 차수를 따른다. 각 항의 차수 또는 단항식의 차수는 문자가 몇 개 곱해져 있는지를 의미한다.

설 명 기하학에서는 각의 크기를 나타내는 단위로 degree(도)를 사용하기도 한다.

예 차수가 1인 식을 일차식이라고 한다. 예를 들어, 일차식 $3x+5$에서 가장 높은 차수의 항은 $3x$이며 이 항의 차수는 1이다.

IM

Use graphing technology to write equations for polynomial functions whose graphs have the characteristics listed when plotted on the coordinate plane.

1. A 1st degree polynomial function whose graph intercepts the vertical axis at 8.
2. A 2nd degree polynomial function whose graph has only positive y-values.
3. A 2nd degree polynomial function whose graph contains the point $(0, -9)$.
4. A 3rd degree polynomial function whose graph crosses the horizontal axis more than once.
5. A 4th degree or higher polynomial function whose graph never crosses the horizontal axis.

density

밀도

뜻 단위 부피당 물질의 질량을 나타내는 용어. 주로 물리학에서 사용되는 용어이다.

기 호 밀도$=\dfrac{\text{질량}}{\text{부피}}$

예 물의 밀도는 1이다. 만약 어떤 물체의 질량이 150kg이고 부피가 50cm^{3}인 경우, 밀도는 3kg/cm^{3}이다.

IM

The feathers in a pillow have a total mass of 59 grams. The pillow is in the shape of a rectangular prism measuring 51 cm by 66 cm by 7 cm.

D

A steel anchor is shaped like a square pyramid. Each side of the base measures 20 cm, and its height is 28 cm. The anchor's mass is 30 kg.

1. What's the **density** of feathers in kilograms per cubic meter?
2. What's the density of steel in kilograms per cubic meter?
3. What's the volume of 1,000 kg of feathers in cubic meters?
4. What's the volume of 1,000 kg of steel in cubic meters?

dependent events

종속 사건

뜻 하나의 사건이 다른 사건의 결과에 영향을 미치는 경우. 같은 실험에서 나온 두 사건 중 하나의 확률이 다른 사건이 발생하는지 여부에 따라 달라지는 경우를 나타낸다.

설 명 미국 고등학교 수학교육과정에서는 $(A\cap B)$를 $(A \text{ and } B)$로, $(A\cup B)$를 $(A \text{ or } B)$로 표현한다. $P(A\cap B)=$ $=P(A)P(B|A)$이므로 두 사건 A와 B가 독립사건이면 $P(B|A)=P(B)$이 되어 $P(A\cap B)=P(A)P(B)$가 된다. 두

사건 A와 B가 종속사건이면 $P(B|A) \neq P(B)$이 되어 $P(A \cap B) \neq P(A)P(B)$가 된다.

예 가방 안에 3개의 초록색 공과 2개의 파란색 공이 있다고 하자. 먼저 하나의 공을 꺼내고 다시 가방 안에 넣은 다음 두번째 공을 꺼낸다면 '두번째 공이 초록색'인 사건은 '첫번째 공이 파란색'인 사건과 독립사건이다. 만약 첫번째 공을 다시 가방에 넣지 않고 두번째 공을 꺼낸다면 '두번째 공이 초록색'인 사건은 '첫번째 공이 파란색'인 사건과 종속 사건이 된다. 독립사건인 경우 첫번째 공이 무슨색인지에 관계없이 두번째 공이 초록색일 확률은 $\frac{3}{5}$이 되지만 종속사건인 경우에는 첫번째 공이 무슨색이었는지에 따라 두번째 공이 초록색일 확률이 달라진다. 첫번째 공이 파란색이었다면 두번째 공이 초록색일 확률은 $\frac{3}{4}$, 첫번째 공이 초록색이었다면 두번째 공이 초록색일 확률은 $\frac{2}{4}=\frac{1}{2}$이 된다.

IM

The Bulldogs have won approximately 67% of their 30 baseball games this season. The Bulldogs won 9 of the 10 games they played when Diego was the starting pitcher. Are the events "the Bulldogs win the game" and "the Bulldogs win the game when Diego is the starting pitcher" dependent or independent events? Explain your reasoning.

D

directed line segment

방향을 가진 선분

뜻 방향을 나타내는 화살표가 있는 선분

설 명 일반적으로 크기와 방향이 있는 양인 벡터를 나타낸다.

시각적 표 현

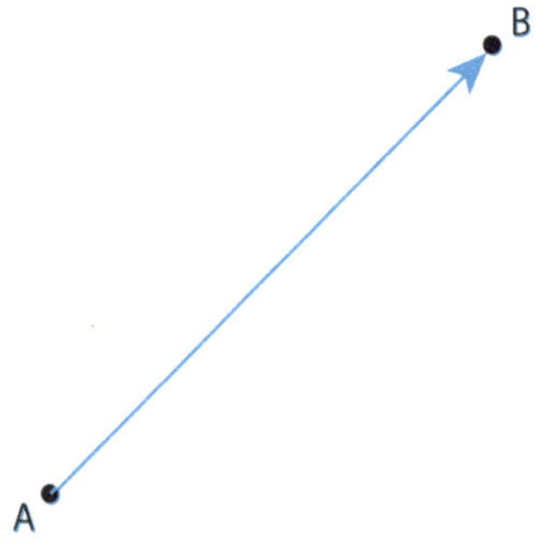

IM

A translation slides a figure in a given direction for a given distance with no rotation. The distance and direction is given by a **directed line segment**. The arrow of the directed line segment specifies the direction of the translation, and the length of the directed line segment specifies how far the figure gets translated.

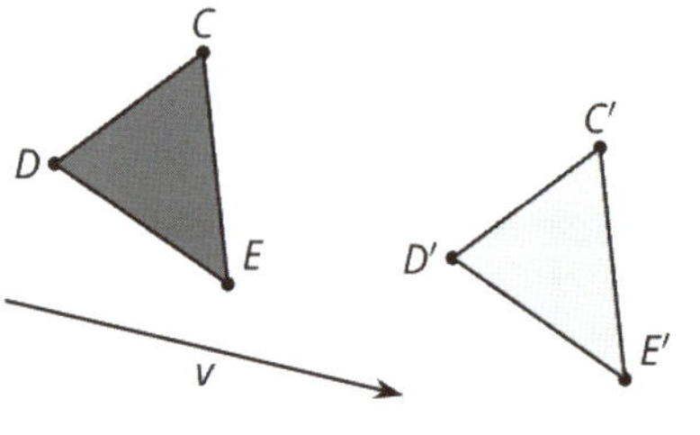

D

directrix

준선

뜻 초점(focus)과 함께 포물선을 정의하는 데 사용되는 선으로 초점과 준선에서 같은 거리에 있는 점들의 집합이 포물선이다.

시각적 표 현

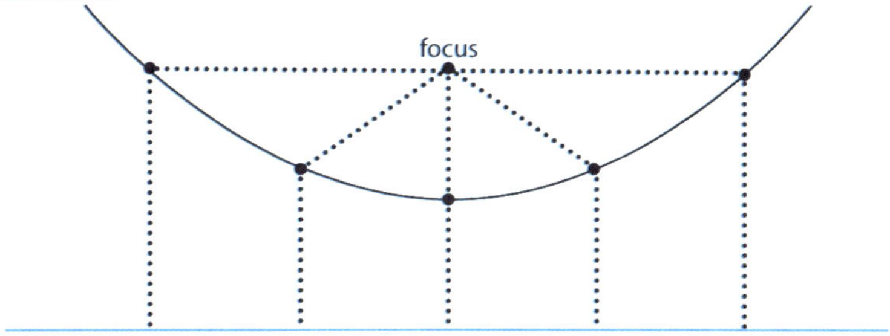

IM

The image shows a parabola with focus $(-2, 2)$ and directrix $y = 0$ (the x-axis). Points A, B, and C are on the parabola.

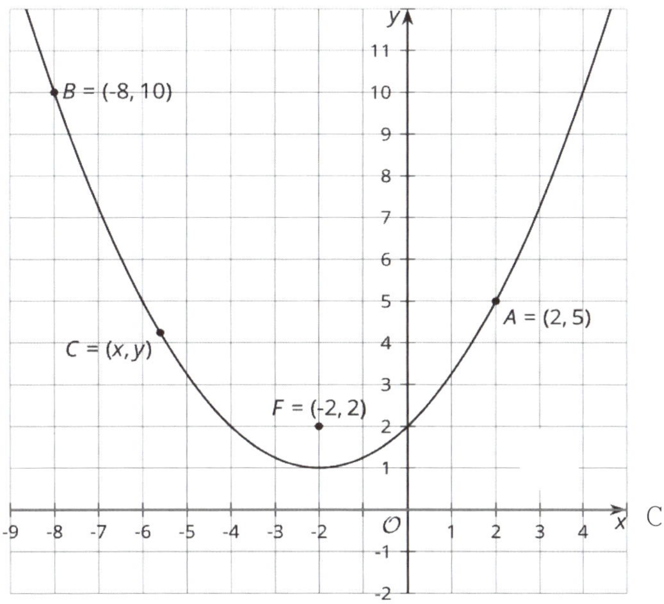

Without using the Pythagorean Theorem, find the distance from each plotted point to the parabola's focus. Explain your reasoning.

distribution

분포

뜻 통계에서 사용되는 중요한 개념으로, 어떤 자료들이 어떻게 퍼져 있는지 효과적으로 나타낸다. 수치 또는 범주형 자료의 경우, 분포는 해당 자료에 각 값이나 각 범주가 몇 개씩 있는지 알려준다.

D

설 명 미국 고등 수학에서는 분포의 종류를 그래프의 모양에 따라 다음과 같이 분류한다.

- 대칭 분포(symmetric distribution)에서 평균은 중앙값과 같으며 자료 중앙에 대칭축이 있다.
- 비대칭분포(skewed distribution)에서는 평균이 중앙값과 같지 않은 경우가 많으며, 분포의 한쪽에 자료가 몰려있다.
- 균등 분포(uniform distribution)는 자룟값들이 범위 전체에 고르게 분포되어 있다.
- 이봉 분포(bimodal distribution)는 점그래프나 히스토그램에서 두 개의 매우 일반적인 자룟값을 뚜렷한 봉우리로 보여준다.
- 종 모양 분포(bell–shaped distribution)는 그래프가 종 모양을 띄며 대부분의 자료가 중앙 근처에 모여 있고 중앙에서 멀어질수록 자료가 적어지는 형태를 가진다.

IM

This distribution shows the length in inches of fish caught and released from a nearby lake.

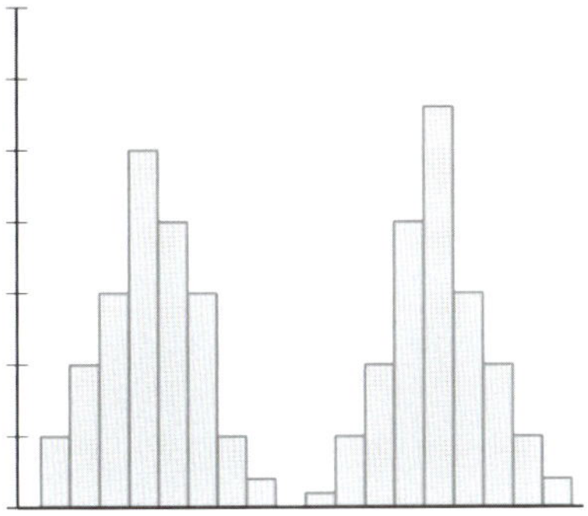

1. Describe the shape of the distribution.
2. Make an educated guess about what could cause the distribution to have this shape.

D

domain

정의역

뜻 가능한 모든 input의 집합. 함수에서 독립 변수의 집합을 뜻한다.

설 명 output의 집합은 range(치역)라고 한다.

CCSSM

An interesting fact

Suppose f is a function with a domain of all real numbers. Define g and h as follows:

$$g(x) = \frac{f(x) + f(-x)}{2} \quad \text{and} \quad h(x) = \frac{f(x) - f(-x)}{2}$$

Then $f(x) = g(x) + h(x)$, g is even, and h is odd. (Students may use the definitions to verify these claims.) Thus, any function defined on the real numbers can be expressed as the sum of an even and an odd function.

E

elimination

가감법 [▶ system of equations 참고]

뜻 연립방정식을 푸는 방법 중 하나로, 한 방정식에 다른 방정식의 배수를 더하거나 빼서 한 변수를 제거하여 하나의 변수만을 포함한 방정식을 얻는 방법

설 명

- 미국에서는 연립방정식의 풀이를 배울 때 가감법보다 대입법이 더 강조되거나 대입법을 배우고 나서 가감법을 배우는 경우가 많다.
- 한 변수를 없애기 위해 두 방정식의 양변에 적당한 수를 곱한 후 변끼리 더하거나 빼서 연립방정식을 풀기도 한다.

IM

Diego is solving this system of equations:

$$\begin{cases} 4x + 3y = 10 \\ -4x + 5y = 6 \end{cases}$$

Here is his work:

$$\begin{array}{rl} 4x + 3y = 10 & \\ -4x + 5y = \ \ 6 & + \\ \hline 0 + 8y = 16 & \\ y = 2 & \end{array} \qquad \begin{aligned} 4x + 3(2) &= 10 \\ 4x + 6 &= 10 \\ 4x &= 4 \\ x &= 1 \end{aligned}$$

1. Make sense of Diego's work and discuss with a partner:
   a. What did Diego do to solve the system?
   b. Is the pair of x and y values that Diego found actually a solution to the system? How do you know?

2. Does Diego's method work for solving these systems? Be prepared to explain or show your reasoning.

a. $\begin{cases} 2x + y = 4 \\ x - y = 11 \end{cases}$

b. $\begin{cases} 8x + 11y = 37 \\ 8x + y = 7 \end{cases}$

end behavior

(함수의) 양끝점의 변화의 경향

뜻 함수에서 input이 0으로부터 더 멀어질수록 함수의 output이 변하는 양상

설 명 수렴하는 함수에서 흔히 0에 가까워지거나 무한대로 가거나 하는 경향으로 나타난다. 결국 극한을 의미하지만 극한(limit)을 배우기 전이나 극한을 찾을 때 사용되는 용어이다.

시각적 표 현 아래 함수는 양방향 끝으로 갈수록 다른 양상을 나타낸다. 양의 방향에서 함숫값은 점점 커진다. 음의 방향에서는 함숫값이 -3에 점점 가까워진다.

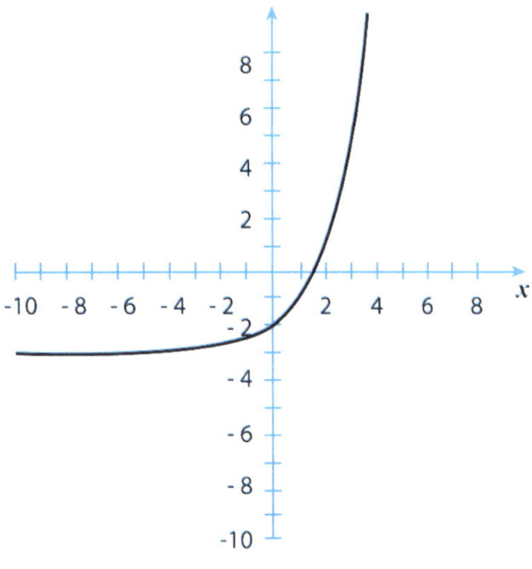

IM

M and N are each functions of x defined by $M(x) = -x^3 - 2x + 8$ and $N(x) = -20x^2 + 3x + 8$.

1. Describe the end behavior of M and N.
2. For $x > 0$, which function do you think has greater values? Be prepared to share your reasoning with the class.

equivalent equations

동치 방정식

E

뜻 두 개의 방정식이 같은 해를 가지고 다른 형태로 써 있는 경우 equivalent equations라고 부른다.

설 명 방정식을 푸는 것은 주어진 방정식을 동치 방정식으로 변형시켜가면서 $x = a$ 형태에 이르는 것이다.

예 $x = 4$와 $x - 4 = 0$은 equivalent equations이다.

IM

3. Are any of these equations **equivalent** to one another? If so, which ones? Explain your reasoning.

$3a + 6 = 15$　　$3a = 9$　　$a + 2 = 5$　　$\frac{1}{3}a = 1$

equivalent systems (of equations)

동치 연립방정식

뜻 두 연립방정식이 같은 해를 가질 때 동치, equivalent systems라고 한다.

설 명 가감법을 사용하여 연립방정식을 풀 때 이 개념을 사용한다. 두 방정식을 변끼리 더하거나 뺄 때 생기는 방정식도 같은 해를 가지므로 equivalent systems이 된다. 연립방정식을 푸는 과정 중에 나오는 모든 연립방정식은 서로 동치가 된다.

예 아래 네 쌍의 연립방정식은 모두 동치이다.

$$\begin{cases} \frac{4}{5}x + 6y = 15 \\ -x + 18y = 11 \end{cases}$$

$$\begin{cases} 4x + 30y = 75 \\ -4x + 72y = 44 \end{cases}$$

$$\begin{cases} 4x + 30y = 75 \\ y = \frac{7}{6} \end{cases}$$

$$\begin{cases} x = 10 \\ y = \frac{7}{6} \end{cases}$$

E

IM

Your teacher will give you some slips of paper with systems of equations written on them. Each system represents a step in solving this system:

$$\begin{cases} \frac{4}{5}x + 6y = 15 \\ -x + 18y = 11 \end{cases}$$

Arrange the slips in the order that would lead to a solution. Be prepared to:

- Describe what move takes one system to the next system.
- Explain why each system is equivalent to the one before it.

even function

우함수

뜻 모든 실수 x에 대해 다음의 성질을 만족하면 우함수라 부른다.

$$f(x)=f(-x)$$

설 명 함수의 그래프가 y축에 대해 대칭이라는 것을 의미한다. 즉, $f(x)$의 그래프가 y축에 대해 대칭이면 그 함수는 우함수이다.

E

예 코사인 함수는 우함수이다. 예를 들어, $\cos(30°)=\cos(-30°)$

IM

Here is a graph of $y=f(x)$ for -5 $\leq x \leq 0$. Draw the graph for $0 \leq x \leq 5$ and be prepared to explain your reasoning if:

1. f is even

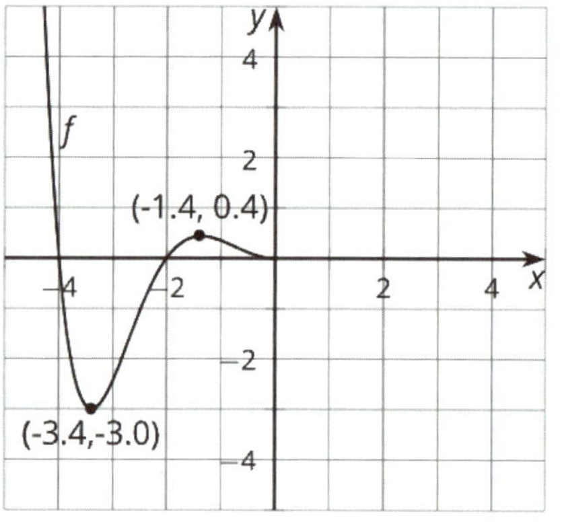

experimental study

실험 연구

뜻 어떤 변인의 처치가 다른 것에 직접적으로 어떻게 영향을 미치는지 알아보기 위해 데이터를 수집하는 연구

예 아래의 예에서 1번이 실험 연구에 해당된다. 사료가 개의 건강에 어떤 영향을 미치는지 알아보기 위해 두 그룹을 비교하려고 하기 때문이다.

IM

For each question, determine whether it is a statistical question. If it is a statistical question, determine whether an experimental study, observational study, or survey would be best at providing data to answer the question. Explain your reasoning.

1. Do dogs who eat only Brand A of dog food have more health problems than those who eat a variety of food brands?
2. Do people who sit for at least 8 hours per day have more health problems than those who sit for fewer than 8 hours per day?
3. Which brand of dog food has the most protein per serving?
4. Do people who eat a low-fat diet feel healthier than those who eat a variety of foods?

exponential function

지수함수 [growth factor 참고]

뜻 변수가 거듭제곱의 지수에 포함되어 있는 함수

설 명 지수 함수는 일정한 증가 계수(constant growth factor)를 가진 함수로, 동일한 간격 동안에 동일한 비율로 증가하는 함수이다.

기 호 $f(x)=a^x$

단, 밑 a는 1이 아닌 양수이다.

예 $f(x)=2\cdot 3^x$

E

IM

Jada received a gift of \$180. In the first week, she spent a third of the gift money. She continues spending a third of what is left each week thereafter. Which equation best represents the amount of gift money g, in dollars, she has after t weeks? Be prepared to explain your reasoning.

1. $g=180-\frac{1}{3}t$
2. $g=180\cdot\left(\frac{1}{3}\right)^t$
3. $g=\frac{1}{3}\cdot 180^t$
4. $g=180\cdot\left(\frac{2}{3}\right)^t$

F

factored form (of a quadratic expression)

(이차식의) 인수분해 꼴

뜻 이차식을 두 개의 일차식의 곱으로 나타낸 형태

기 호 $a(x-h)(x-k)$, 여기서 x는 변수, a, h, k는 상수이다. $(px+h)(qx+k)$로 쓸 수도 있다. p와 q도 상수이다.

예 아래 이차식을 인수분해할 때 우변에 있는 식이 factored form이다.

$x^2+4x=x(x+4)$

$5x^2+6x+1=(5x+1)(x+1)$

IM

Here is a clever way to think about quadratic expressions that would make it easier to rewrite them in factored form.

$9x^2+21x+10$
$(3x)^2+7(3x)+10$
$N^2+7N+10$
$(N+2)(N+5)$
$(3x+2)(3x+5)$

1. Use the distributive property to expand $(3x+2)(3x+5)$. Show your reasoning and write the resulting expression in standard form. Is it equivalent to $9x^2+21x+10$?

focus

초점 [▶ directrix 참고]

뜻 포물선을 정의하는 데 사용되는 점

시각적 표현 아래 그림을 보면, 포물선에 있는 모든 점에서 초점(focus)까지의 거리와 준선(directrix)까지의 거리는 같다.

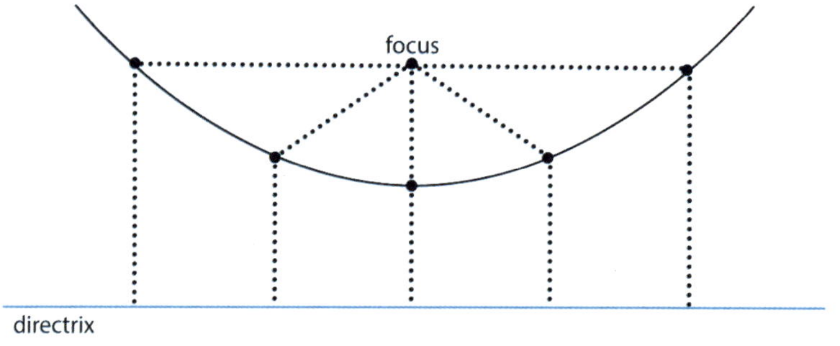

F

IM

The image shows a parabola with focus $(6, 4)$ and directrix $y = 0$ (the x-axis).

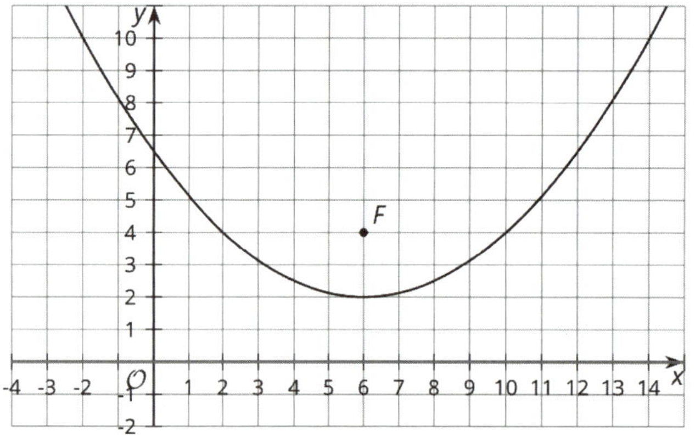

1. The point $(11, 5)$ looks like it might be on the parabola. Determine if it really is on the parabola. Explain or show your reasoning.

2. The point $(14, 10)$ looks like it might be on the parabola. Determine if it really is on the parabola. Explain or show your reasoning.
3. In general, how can you determine if a particular point (x, y) is on the parabola?

function notation

함수 표기법

뜻 함수를 나타내는 방법

기 호 주로 $f(x)$와 같은 형태로 사용된다. 함수 f에 어떤 input x를 대입하여 그 결과를 나타내는 방식이다. 이 표기법에서 f는 함수를 나타내는 이름이나 기호이며, x는 독립 변수이다.

예 집에서 출발하여 x초 동안 달린 거리를 $f(x)$라 하면, 출발한 지 60초 동안 차와 집 사이의 거리를 나타내기 위해서는 간단히 $f(60)$이라고 쓸 수 있다.

F

IM

Let's name the functions that relate the dog's distance from the post and the time since its owner left: function f for Day 1, function g for Day 2, function h for Day 3. The input of each function is time in seconds, t.

1. Use function notation to complete the table.

	day 1	**day 2**	**day 3**
a. distance from post 60 seconds after the owner left			
b. distance from post when the owner left			
c. distance from post 150 seconds after the owner left			

G

geometric sequence

등비수열 [▶ arithmetic sequence 참고]

뜻 각 항이 전항에 일정한 수를 곱해서 얻어지는 수열

설 명

- 이 곱하는 일정한 수를 공비(common ratio)라고 한다.
- 이웃한 두 항의 비(공비)는 항상 같게 된다.
- 전항에 일정한 수를 더해서 얻어지는 수열은 arithmetic sequence(등차 수열)라고 한다.
- 수열을 나타내는 단어로 sequence 대신 progression을 사용하기도 한다.

기 호 $a_n = a_1 \cdot r^{(n-1)}$

a_n은 n번째 항, a_1은 초항, r은 공비이다.

예 1, 2, 4, 8, 16, 32, ⋯ 초항이 1이고 공비가 2인 등비수열.

5, 10, 20, 40, 80, ⋯ 초항이 5이고 공비가 2인 등비수열.

100, 50, 25, 12.5, 6.25, ⋯ 초항이 100이고 공비가 0.5인 등비수열.

IM

1. Here is a geometric sequence. What is the growth factor? 16, 24, 36, 54, 81
2. One way to describe its growth is to say it's growing by ___% each time. What number goes in the blank for the sequence 16, 24, 36, 54, 81? Be prepared to explain your reasoning.

growth factor

(지수함수에서) 증가계수

뜻 어떤 양이 이전 양에 비해 얼마나 커지는지를 나타내는 값

설 명 주로 지수함수에서 사용된다.

예 지수함수 $y=ab^x$에서, b가 growth factor이다. 만약 b가 1보다 큰 양수이면, 함수는 증가하고, b가 0과 1 사이의 값이면 감소한다.

IM

Suppose a population of cells starts at 500 and triples every day. The number of cells each day can be calculated as follows:

number of days	number of cells
0	500
1	1,500 (or $500 \cdot 3$)
2	4,500 (or $500 \cdot 3 \cdot 3$, or $500 \cdot 3^2$)
3	13,500 (or $500 \cdot 3 \cdot 3 \cdot 3$, or $500 \cdot 3^3$)
d	$500 \cdot 3^d$

We can see that the number of cells (p) is changing exponentially, and that p can be found by multiplying 500 by 3 as many times as the number of days (d) since the 500 cells were observed. The *growth factor* is 3. To model this situation, we can write this equation: $p = 500 \cdot 3^d$.

G

H

horizontal asymptote

수평인 점근선

뜻 함수의 그래프가 특정한 값에 수렴하거나 다가가는 경향을 나타내는 가로 방향의 선

설 명 한국 교육과정에서는 점근선이란 용어는 사용하지만 horizontal/vertical asympototote에 해당하는 용어는 사용하지 않는다.

기 호 $\lim_{x\to\infty} f(x) = L$이거나 $\lim_{x\to-\infty} f(x) = L$이면

직선 $y = L$을 $f(x)$의 horizontal asymptote라 한다.

예 오른쪽 쌍곡선 그래프에서 수평인 점근선은 $y = 4$이다.

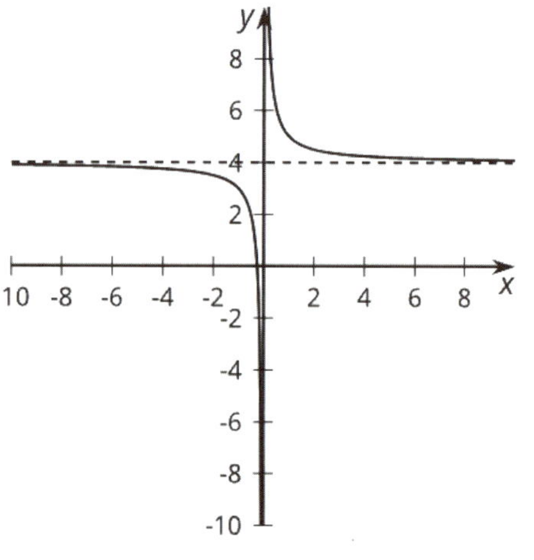

IM

Consider the function $a(x) = \frac{\frac{1}{2}x+1}{x-1}$.

1. Predict where you think the vertical and horizontal asymptotes of $a(x)$ will be. Explain your reasoning.
2. Use graphing technology to check your prediction.

horizontal intercept

가로 절편(x절편)

뜻 어떤 그래프가 가로축(x축)과 만나는 교점의 x좌표

설 명 미국에서는 x절편 ($x-$intercept), y절편 ($y-$intercept)도 사용하지만 horizontal/vertical intercept도 함께 사용한다. x, y 뿐 아니라 다른 문자가 변수로 사용될 수 있기 때문에 일반적으로 가로축, 세로축이라고 말하며 가로 절편, 세로 절편이라는 용어가 사용된다. x, y를 주로 사용하기는 한다.

시각적 표 현

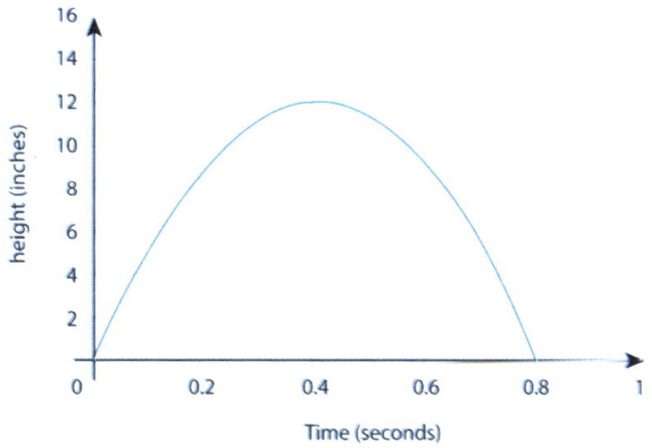

예 위의 그래프에서 가로 절편은 0과 0.8이다.

IM

The equation $h = 2 + 23.7t - 4.9t^2$ represents the height of a pumpkin that is catapulted up in the air as a function of time, t, in seconds. The height is measured in meters above ground. The pumpkin is shot up at a vertical velocity of 23.7 meters per second.

1. Without writing anything down, consider these questions:
   - What do you think the 2 in the equation tells us in this situation? What about the $-4.9t^2$?
   - If we graph the equation, will the graph open upward or downward? Why?
   - Where do you think the vertical intercept would be?
   - What about the horizontal intercepts?
2. Graph the equation using graphing technology.
3. Identify the vertical and horizontal intercepts, and the vertex of the graph. Explain what each point means in this situation.

identity

항등식

뜻 모든 변수의 값에 대해 항상 참인 등식

설 명

- 등식을 간단히 했을 때(simplify), 좌변과 우변이 같아지거나 $0=0$으로 만들어질 때 항등식이 된다.
- 다항식의 곱셈 공식과 같이 공식 또는 법칙으로 알고 있는 다수의 등식이 항등식에 해당된다.
- 덧셈의 항등원(0), 곱셈의 항등원(1)도 identity로 각각 additive identity, multiplicative identity라고 부른다.

예 $3x+2x=5x$

IM

In earlier grades we learned how to do things like apply the distributive property and combine like terms to rewrite expressions in different ways. For example, $(2x+1)(x-3)=2x^2-5x-3$. The new algebraic expression on the right comes from writing the original on the left in a different way. More precisely, the expression on the left has the same value for all possible inputs x as the expression on the right, making them equivalent expressions. This is an example of an **identity**.

Two examples of identities seen in earlier grades are:

$$a^2-b^2=(a+b)(a-b)$$

$$(a+b)^2=a^2+2ab+b^2$$

imaginary number

허수

뜻 미국 정의: 허수선 위에 있는 수
한국 정의: 실수가 아닌 복소수

설 명 미국과 한국의 정의가 다르다. $x^2=-1$ 일 때 x를 $\sqrt{-1}$이라 쓰고 소문자 i로 표시하여 허수단위가 되는데, 미국 정의에서는 i와 실수의 곱은 모두 허수가 되며 실수와의 합은 복소수이다.

한국 정의에서는 실수와의 곱과 합 모두 허수로 취급한다. 실수와 허수의 합집합이 복소수이다. 따라서 복소수 $a+bi$에서 $b=0$인 경우 a를 실수, $b\neq0$인 경우 $a+bi$를 허수라 한다. 허수 중 특히 $a=0$이면 순허수라고 한다.

기 호 미국: bi / 한국: $a+bi$ $(b\neq0)$

예 미국: i, $2i$, $-3i$ / 한국: $2i$, $2-3i$, $-8+i$

IM

2. This diagram shows an arrow that represents $\sqrt{-1}$.

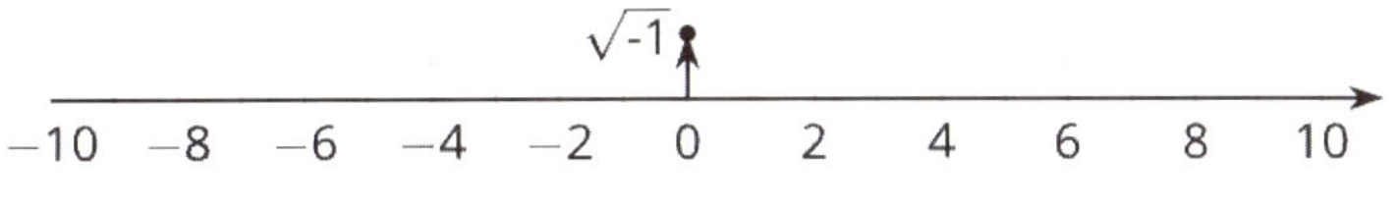

a. Draw an arrow starting at 0 that represents $3\sqrt{-1}$.
b. Draw an arrow starting at 0 that represents $-\sqrt{-1}$.
c. Draw an arrow starting at 0 that represents $-5\sqrt{-1}$.

increasing (function)

증가(함수)

뜻 함수가 input(x)이 증가함에 따라 output(y)이 증가하는 경우, 좌측에서 우측으로 이동할 때 그래프가 올라가는 형태를 띠면서 함수가 증가한다고 한다

예 함수가 특정 범위에서만 증가할 수도 있다. 예를 들어, 함수 $f(x)=-x^2$의 그래프에서, 가로축의 좌측에서 올라가는 경향이 있기 때문에 $x<0$ 범위에서 증가한다.

시각적 표현

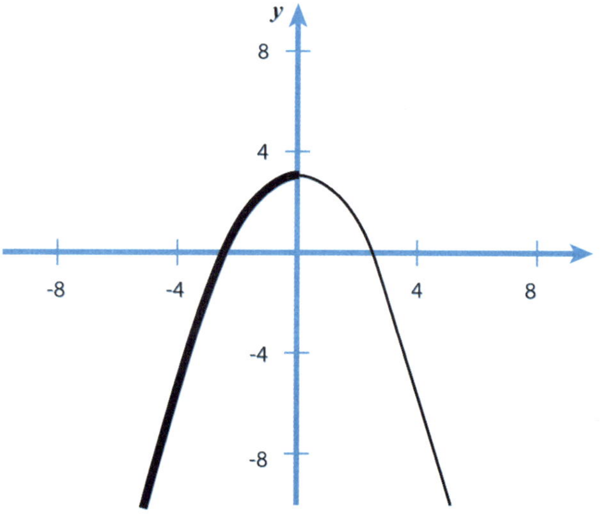

I

IM

The graph represents the temperature in degrees Fahrenheit as a function of time.

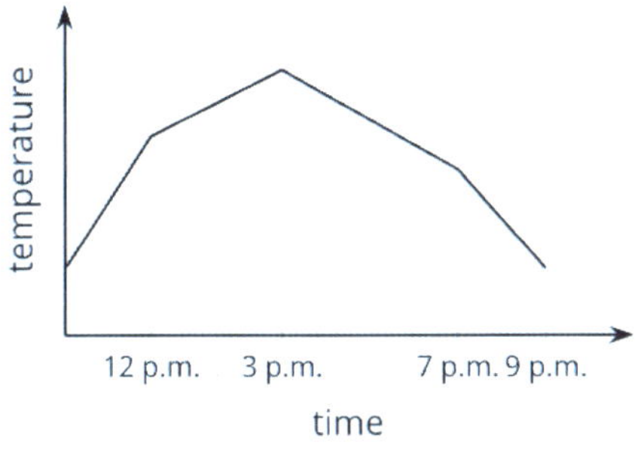

Tell the story of the temperature throughout the day.

Identify the maximum and minimum of the function and where the function is increasing and decreasing.

incenter

내심

뜻 삼각형의 내접원의 중심

시각적 표현

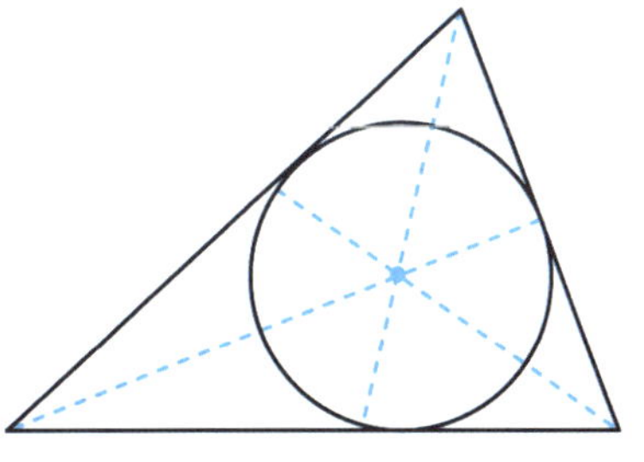

설 명 한 삼각형의 세 각의 이등분선은 하나의 점에서 만난다. 이 점은 삼각형의 내심이라고 불리며, 삼각형에 내접하는 원의 중심이다.

I

IM

1. Mark 3 points and connect them with a straightedge to make a large triangle. The triangle should *not* be equilateral.
2. Construct the incenter of the triangle.
3. Construct the segments that show the distance from the incenter to the sides of the triangle.
4. Construct a circle centered at the incenter using one of the segments you just constructed as a radius.
5. Would it matter which of the three segments you use? Explain your thinking.

independent events

독립 사건 [dependent events 참고]

뜻 동일한 실험에서 나오는 두 사건 중 하나의 확률이 다른 사건의 발생여부에 영향을 받지 않는 경우

예 동전을 던졌을 때 앞면이 나오는 사건과 주사위를 던졌을 때 짝수가 나오는 사건은 서로 독립적이다. 동전 던지기의 결과가 주사위 던지기의 결과에 영향을 주거나 받지 않기 때문에 이러한 사건들은 독립적으로 간주된다.

IM Describe two events that are independent. Explain your reasoning.

inscribed

내접한다, 내접하는

뜻 다각형이 원에 내접한다는 것은 다각형이 원 안에 있고 다각형의 모든 꼭짓점이 원 위에 있다는 것을 의미한다.

원이 다각형에 내접한다는 것은 원이 다각형 안에 있고 다각형의 각 변이 원에 접한다는 것을 의미한다.

시각적 표현

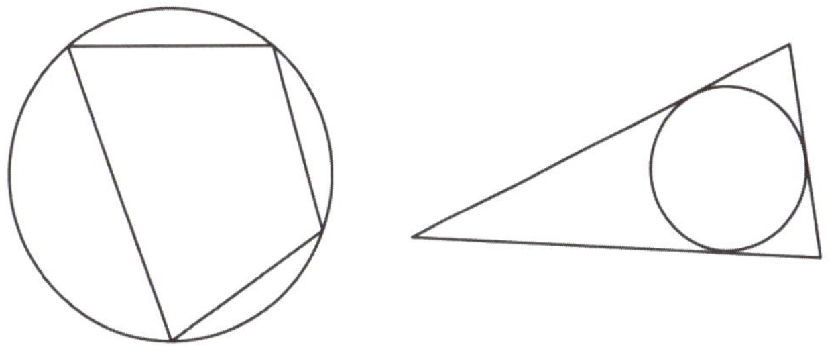

내접다각형
(inscribed polygon)

내접원
(inscribed cricle)

IM

The straightedge allows us to construct lines and line segments, and the compass allows us to make circles with a specific radius. With these tools, we can reason about distances to explain why certain shapes have certain properties. For example, when we construct a regular hexagon using circles of the same radius, we know all the sides have the same length because all the circles are the same size. The hexagon is called **inscribed** because it fits inside the circle and every vertex of the hexagon is on the circle.

Similarly, we could use the same construction to make an inscribed triangle. If we connect every *other* point around the center circle, it forms an equilateral triangle. We can conjecture that this triangle has 3 congruent sides and 3 congruent angles because the entire construction seems to stay exactly the same whenever it is rotated $\frac{1}{3}$ of a full turn around the center.

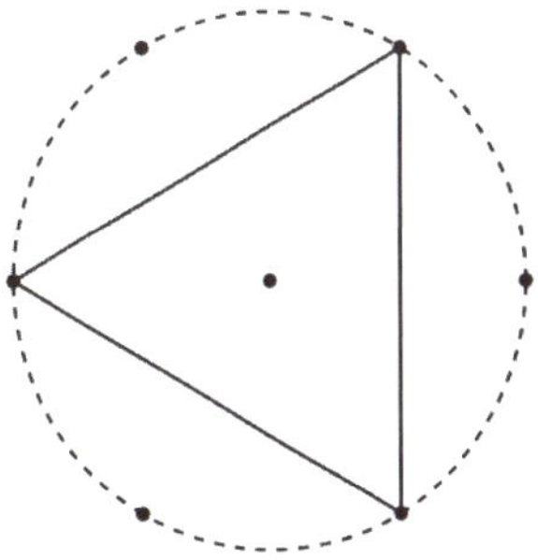

I

inscribed angle

원주각

뜻 공통 끝점을 가진 두 현에 의해 형성된 각

설 명 원에 내접해 있으므로 영어로는 inscribed를 사용해서 표현한다.

시각적 표 현 아래 표시된 각이 원주각이다.

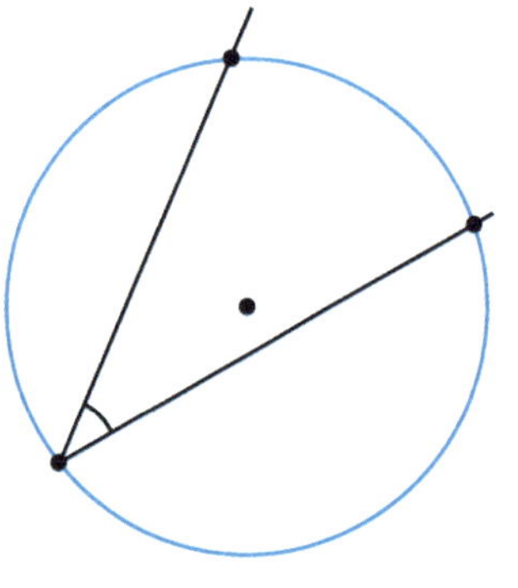

IM

Inscribed Angle Theorem: The measure of an inscribed angle is half the measure of the central angle that defines the same arc. (*Assertion*)

$$m\angle BCA = \frac{1}{2}m\angle BOA$$

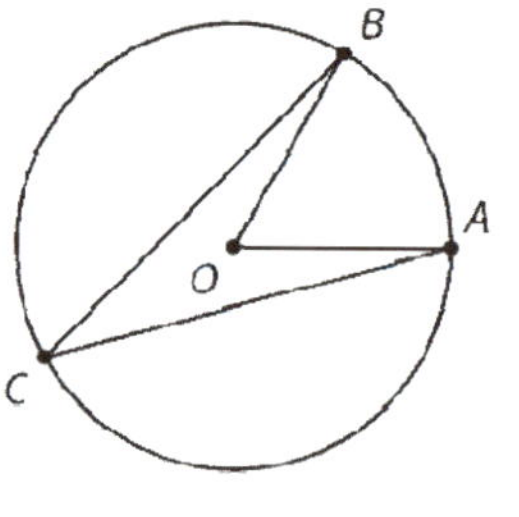

I

inverse (function)

역함수

뜻 역함수는 원래 함수의 input(x)과 output(y)을 서로 바꾸는 새로운 함수이다.

기 호 수학적으로, 함수 f가 주어지면 그 역함수는 f의 각 output에 input을 대응시키는 함수이며, 이를 f^{-1}로 나타낸다. 이때, 역함수와 원래 함수의 그래프는 $y=x$에 대해 대칭이다.

예 지수함수와 로그함수는 서로 역함수이다.

IM

An American traveler who is heading to Mexico exchanges some U.S. dollars for Mexican pesos. At the time of his travel, 1 dollar can be exchanged for 19.32 pesos.

At the same time, a Mexican businesswoman who is in the United States is exchanging some Mexican pesos for U.S. dollars at the same exchange rate.

1. Find the amount of money in pesos that the American traveler would get if he exchanged:
   a. 100 dollars
   b. 500 dollars
2. Write an equation that gives the amount of money in pesos, p, as a function of the dollar amount, d, being exchanged.
3. Find the amount that the Mexican businesswoman would get if she exchanged:
   a. 1,000 pesos
   b. 5,000 pesos
4. Explain why it might be helpful to write the inverse of the function you wrote earlier. Then, write an equation that defines the inverse function.

L

line of symmetry

대칭축

뜻 선대칭도형에서 그 선을 기준으로 반사하면 도형이 자기 자신이 되게 하는 선

시각적 표현 아래 그림에서 점선들이 그 도형의 대칭축이다. 하나 이상의 대칭축이 존재할 수 있다.

예 정육각형의 경우 총 6개의 대칭축을 그릴 수 있다. 원에는 무수히 많은 대칭축이 있다.

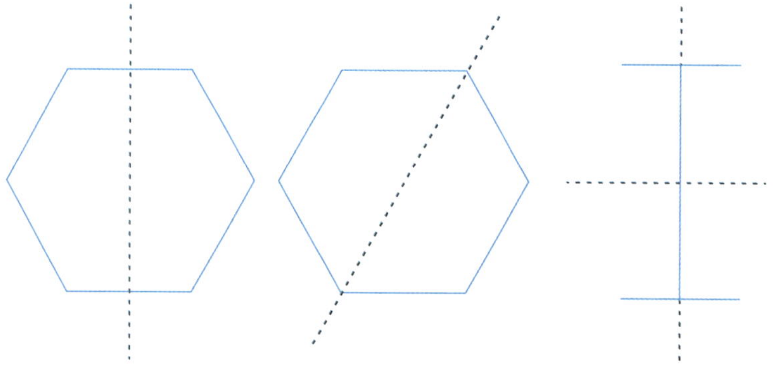

IM

Kiran thinks both diagonals of a kite are lines of symmetry. Tyler thinks only 1 diagonal is a line of symmetry. Who is correct? Explain how you know.

linear term

일차항

뜻 이차식을 일반형으로 쓸 때 변수의 차수가 1인 항

기 호 일반적으로 고차식에서 해당하는 용어지만, 주로 이차식에서 사용한다.

이차식 ax^2+bx+c에서 bx가 일차항이다.

예 이차식 $3x^2-5x+1$에서 $-5x$가 일차항이다.

IM

1. Using graphing technology:
   a. Graph $y = x^2$, and then experiment with adding different linear terms (for example, $x^2 + 4x$, $x^2 + 20x$, $x^2 - 50x$). Record your observations.
   b. Graph $y =$ -x^2, and then experiment with adding different linear terms. Record your observations.

L

logarithm

로그

뜻 거듭제곱에서 지수를 표현하는 방법으로, $a^b=c$를 로그로 나타내면 $b=\log_a c$이다.

기 호 b가 1을 제외한 양의 실수일 때,

만약 $b^y=x$이면, 이를 로그 형태로 나타내면 $\log_b x=y$

예 $5^2=25$을 로그 형태로 나타내면 $\log_5 25=2$이다.

IM To solve the equation $5 \cdot e^{3a}=90$, Lin wrote the following:

$$\begin{aligned} 5 \cdot e^{3a} &= 90 \\ e^{3a} &= 18 \\ 3a &= \log_e 18 \\ a &= \frac{\log_e 18}{3} \end{aligned}$$

Is her solution valid? Be prepared to explain what she did in each step to support your answer.

logarithmic function

로그함수

뜻 로그함수는 특정 밑(base)에 대한 로그의 상수 배수로, 지수함수의 역함수이다.

설 명 로그함수는 매우 느리게 증가하고, 그래프는 가로축이나 세로축에 접하지 않는다.

기 호 a가 0이 아닌 실수이고 b가 1을 제외한 양의 실수일 때

$$y = a \cdot \log_b(x)$$

시각적 표현

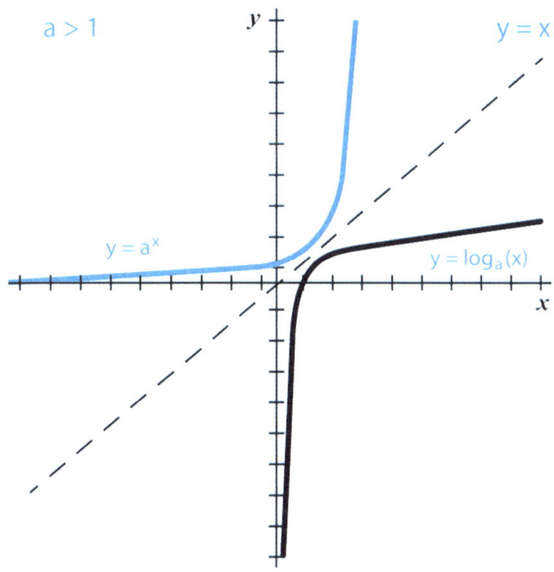

IM

1. Without graphing, how do you think the graphs of the equations $y = \log_2(x)$ and $y = \log_{10}(x)$ compare? Do they ever meet?
2. Graph both equations on the same axes to test your conjectures.

L

M

margin of error

오차 한계, 오차범위, 허용오차

뜻 신뢰구간에서 통계량보다 크고 작은 값의 범위. 모집단 특성에 대한 추정값과 실제 모집단 특성 간의 최대 예상 차이

예 만약 여론 조사 결과가 50%의 지지를 받았고 그 오차 한계가 ±3%라면, 실제로 지지율은 47%에서 53% 사이에 있을 수 있다는 것을 의미한다.

IM

Five students wanted to see how many children's movies have female lead characters. They each took a sample of children's movies, found the proportion of movies that had female lead characters, then used their results to simulate 100 additional samples. The table shows some of the findings based on the original sample and the simulations.

What do you notice? What do you wonder?

student	number of movies used in the original random sample	estimated proportion	margin of error
A	20	0.273	0.204
B	20	0.205	0.189
C	30	0.280	0.180
D	30	0.232	0.157
E	50	0.205	0.115

M

maximum

최댓값

뜻 해당 함수의 모든 다른 값보다 크거나 같은 함숫값. 함수 그래프의 최댓값은 그래프 상에서 해당 구간의 가장 높은 지점이다.

설 명 영어로 maximum은 global maximum(최댓값)과 local maximum(극댓값)이 있는데 maximum만 사용할 때는 보통 global maximum, 최댓값을 의미한다.

시각적 표 현 아래 그래프에서 global maximum(최댓값)은 주어진 정의역의 최댓값, local maximum(극댓값)은 주변보다 높은 값을 의미한다.

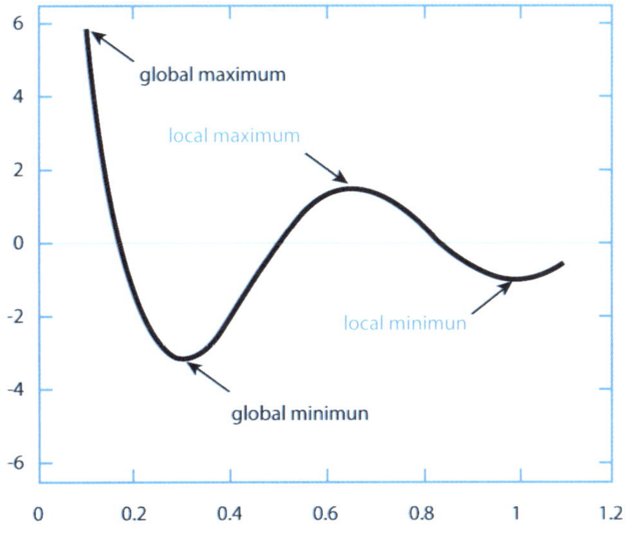

IM Here are some quadratic functions, and the coordinates of the vertex of the graph of each. Determine if the vertex corresponds to the maximum or the minimum value of the function. Be prepared to explain how you know.

equation	coordinates of the vertex	maximum or minimum?
$f(x) = -(x-4)^2 + 6$	$(4, 6)$	
$g(x) = (x+7)^2 - 3$	$(-7, -3)$	
$h(x) = 4(x+5)^2 + 7$	$(-5, 7)$	
$k(x) = x^2 - 6x - 3$	$(3, -12)$	
$m(x) = -x^2 + 8x$	$(4, 16)$	

median

(기하학 개념) 중선

뜻 삼각형의 꼭짓점에서 대변의 중점까지 이은 선분

설 명 통계에서도 median이란 용어가 있는데 중앙값을 의미한다. 중선과는 아무런 관계가 없다.

시각적 표현 오른쪽 그림에서 점선으로 표시된 선이 중선이다. 삼각형에서는 세 개의 중선을 그릴 수 있다.

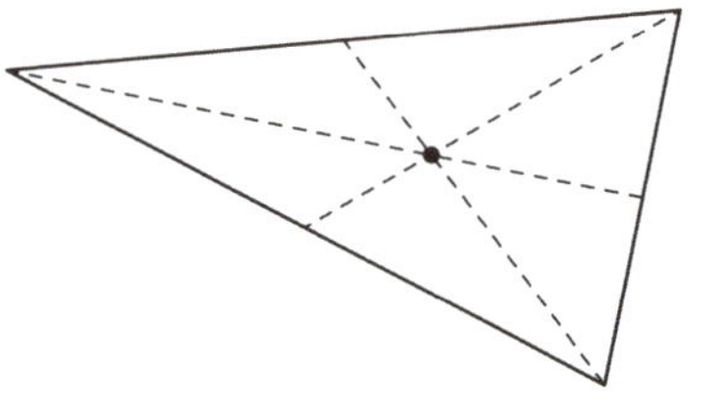

IM

Here is a triangle with its **medians** drawn in. A median is a line segment drawn from a vertex of a triangle to the midpoint of the opposite side. Triangles have 3 medians, with 1 for each vertex.

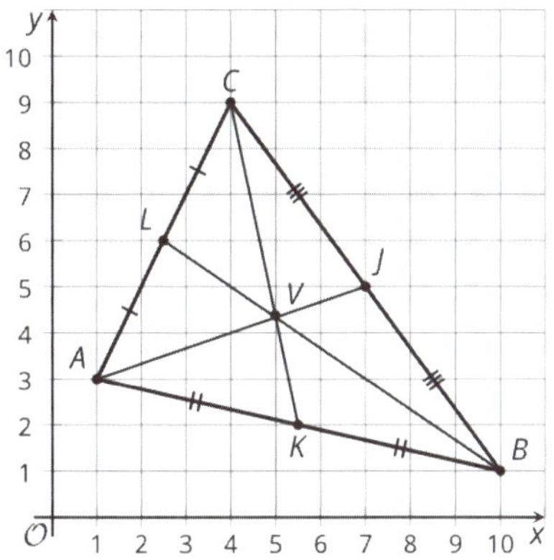

Notice that the medians intersect at 1 point. This point is always $\frac{2}{3}$ of the distance from a vertex to the opposite midpoint. Another way to say this is that the point of intersection, V, partitions segments $AJ, BL,$ and CK so that the ratios $AV : VJ, BV : VL,$ and $CV : VK$ are all $2 : 1$.

We can prove this by working with a general triangle that can represent any triangle. Since any triangle can be transformed so that 1 vertex is on the origin and 1 side lies on the x-axis, we can say that our general triangle has vertices $(0, 0)$, $(w, 0)$, and (a, b). Through careful calculation, we can show that all 3 medians go through the point $\left(\frac{a+w}{3}, \frac{b}{3}\right)$. Therefore, the medians intersect at this point, which partitions each median in a $2 : 1$ ratio from the vertex to the opposite side's midpoint.

midline

중간직선

뜻 주기함수의 최댓값과 최솟값의 중간 지점에 위치한 수평선을 말한다.

설 명 한국 교육과정에서 midline에 해당하는 용어는 없다.

M

시각적 표현

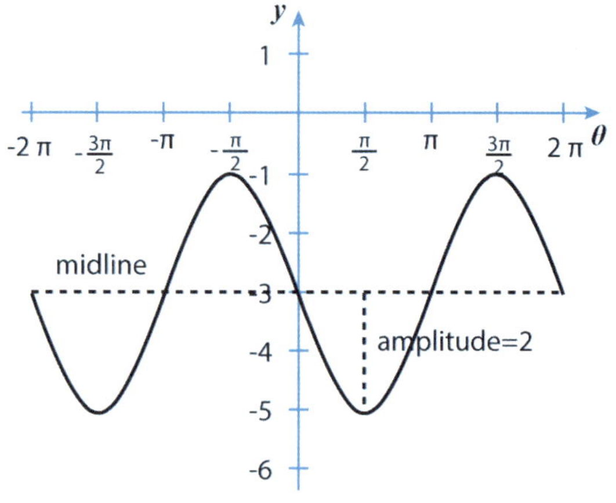

IM

Draw the midline onto the graph and indicate where to see the amplitude on the graph, indicated by the length of the dashed vertical line shown here:

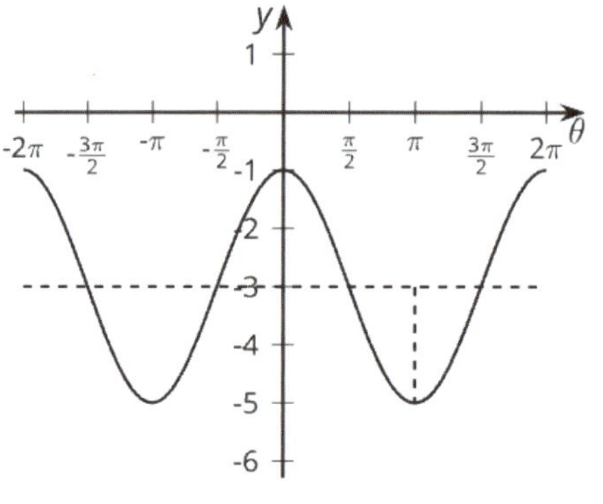

minimum

최솟값 [maximum 참고]

뜻 해당 함수의 값 중 다른 모든 값보다 작거나 같은 값. 함수의 그래프에서 최솟값은 그래프의 해당하는 구간의 가장 낮은 지점을 나타낸다.

IM

The graph that represents $p(x) = (x-8)^2 + 1$ has its vertex at $(8, 1)$. Here is one way to show, without graphing, that $(8, 1)$ corresponds to the *minimum* value of p.

- When $x = 8$, the value of $(x-8)^2$ is 0, because $(8-8)^2 = 0^2 = 0$.
- Squaring any number always results in a positive number, so when x is any value other than 8, $(x-8)$ will be a number other than 0, and when squared, $(x-8)^2$ will be positive.
- Any positive number is greater than 0, so when $x \neq 8$, the value of $(x-8)^2$ will be greater than when $x = 8$. In other words, p has the least value when $x = 8$.

Use similar reasoning to explain why the point $(4, 1)$ corresponds to the *maximum* value of q, defined by $q(x) = \text{-}2(x-4)^2 + 1$.

model

모델

뜻 과학, 기술, 공학, 업무 또는 일상생활에서의 문제를 해결하고 결정에 도움을 주기 위해 사용되는 수학적 또는 통계적 표현

예 그래프, 표, 차트 등이 모델이 될 수 있다.

IM

1. Find and graph the United States national debt over the past 30 years.
2. Choose a function that models that data and justify your choice.
3. What does your model predict for the next few years? For the next two decades?
4. Do you think the predictions will be accurate? Why or why not? What would you suggest the government do to reduce the growing debt?

M

multiplicity

중복도

뜻 다항식의 인수분해꼴에서 특정인수(해)가 중복되는 횟수

예 $(x-2)^3(x+1)^2$와 같은 다항식에서 $x=2$는 세 번, $x=-1$은 두 번의 중복도(multiplicity)를 갖는다.

IM

For example, consider what the graph of $y=(x+3)(x-4)^3$ would look like. The factors help us identify that the function has zeros at -3 and 4. We also know that since $(x+3)$ has a multiplicity of 1 and $(x-4)$ has a multiplicity of 3, the graph looks a bit like a linear polynomial crossing the x-axis at -3 and a bit like a cubic polynomial crossing the x-axis at 4. Since this is a 4th degree polynomial with a positive leading coefficient, we know that as x gets larger and larger in either the negative or positive direction, y gets larger and larger in the positive direction.

$y=(x+3)(x-4)^3$

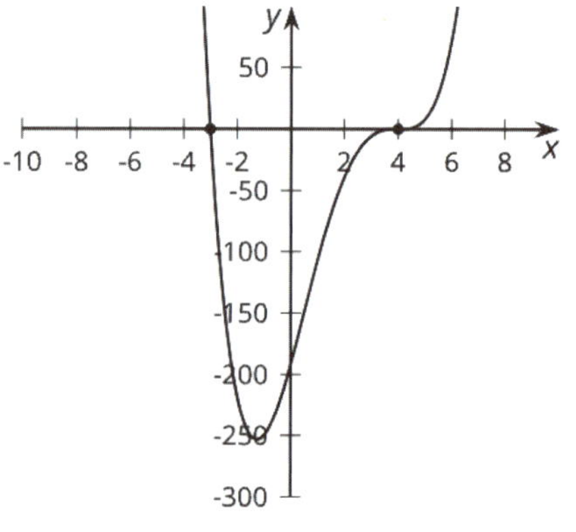

N

natural logarithm

자연로그

뜻 밑(base)이 e인 로그함수

기 호 자연로그는 기호로 ln으로 표시되며, x에 대한 자연로그 함수의 경우 $\ln(x)$로 쓸 수 있다. 여기서 x는 양의 실수이다.

IM

1. Complete the table with equivalent equations. The first row is completed for you.

	exponential form	logarithmic form
a.	$e^0 = 1$	$\ln 1 = 0$
b.	$e^1 = e$	
c.	$e^{-1} = \frac{1}{e}$	
d.		$\ln \frac{1}{e^2} = -2$
e.	$e^x = 10$	

N

negative relationship

음의 상관 관계

뜻 한 변수가 증가할 때 다른 변수가 감소하는 경향이 있는 두 양 사이의 관계

설 명 두 변수 간의 관계가 negative란 것은 한 변수의 증가가 다른 변수의 감소와 관련이 있음을 의미한다

시각적 표 현

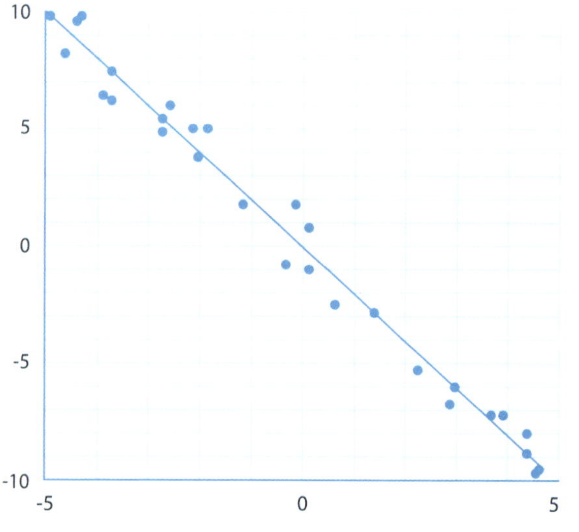

IM

For each situation, describe the relationship between the variables, based on the correlation coefficient. Make sure to mention whether there is a **strong relationship** or not as well as whether it is a **positive relationship** or **negative relationship**.

1. Number of steps taken per day and number of kilometers walked per day. $r = 0.92$
2. Temperature of a rubber band and distance the rubber band can stretch. $r = 0.84$
3. Car weight and distance traveled using a full tank of gas. $r =$ -0.86
4. Average fat intake per citizen of a country and average cancer rate of a country. $r = 0.73$
5. Score on science exam and number of words written on the essay question. $r = 0.28$
6. Average time spent listening to music per day and average time spent watching TV per day. $r =$ -0.17

normal distribution

정규분포

뜻 확률 분포 중 하나로 종 모양의 곡선 형태를 가지며, 평균을 중심으로 좌우 대칭인 특징을 갖는다.

설 명 그래프와 x축 사이의 넓이는 1이고, x축이 수평적 접근선인 특별한 분포를 나타낸다.

시각적 표 현 아래의 세 그래프는 모두 정규분포를 나타낸다. 평균(mean)은 중심을 결정하고 표준편차(standard deviation)는 그래프의 폭을 결정한다. 표준편차가 작을수록 뾰족하고 클수록 더 넓게 퍼진다.

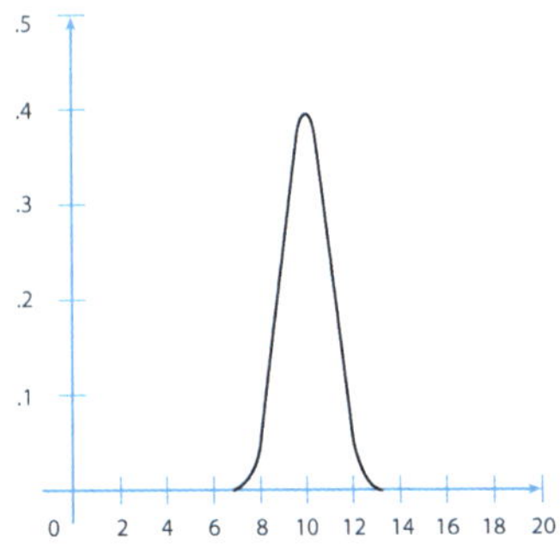

그래프:

mean= 10. standard deviation= 1

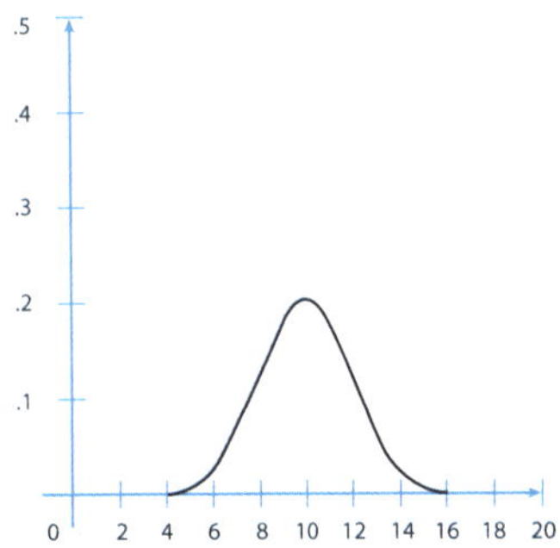

그래프:

mean= 10. standard deviation= 2

N

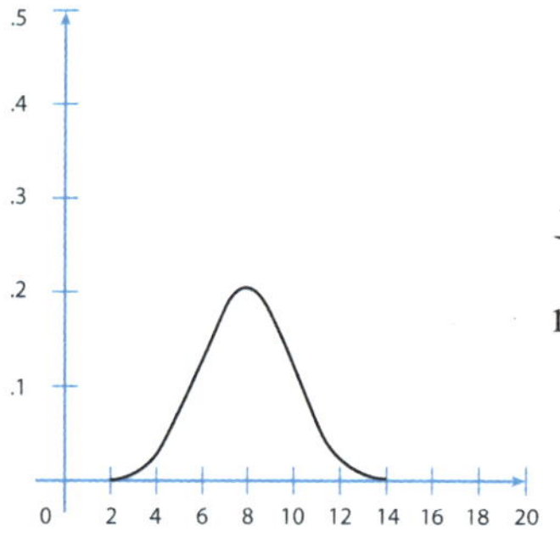

그래프:

mean $= 8$. standard deviation $= 2$

IM

The equation for the curve for a normal distribution is

$$f(x) = \frac{1}{\sigma\sqrt{2\pi}} \cdot e^{\frac{-(x-\mu)^2}{2\sigma^2}}$$

where σ is the standard deviation, μ is the mean, and e is a particular number close to 2.718.

Notice the part of the function that is $(x - \mu)$. Using your understanding of transformations of functions, how does changing μ affect the graph of the function?

O

oblique (prism/cylinder)

빗(각기둥/원기둥)

뜻 입체도형이 기울어진 모양을 나타내는 표현이다. 일반적으로 수직 또는 수평이 아닌 다른 각도로 기울어져 있는 것을 설명할 때 사용한다.

설 명 각기둥(prisms)과 원기둥(cylinders)이 'oblique(빗)'라고 말하는 것은 한 밑면(base)이 다른 밑면에 일치하도록 평행이동될 때, 이 평행이동을 정의하는 방향이 밑면에 수직이 아닐 때를 나타낸다. 각뿔과 원뿔에서는 꼭짓점에서 내린 수선이 밑면의 중심과 일치하지 않을 때 'oblique(빗)'라고 한다. 밑면이 정사각형이나 정오각형과 같이 중심점을 가진 도형일 때 해당하는 각뿔에도 같은 정의가 적용된다.

시각적 표 현

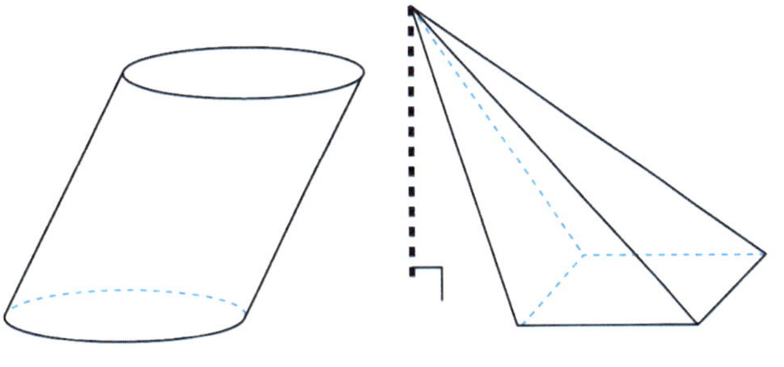

IM

The images show the same number of coins arranged in different ways.

A

B

1. How are the two coin stacks different from each other?
2. Does either stack of coins resemble a geometric solid? If so, which stack and what solid?
3. How do the heights of the two stacks compare?
4. How do the volumes of the two stacks compare? Explain your reasoning.

observational study

관찰 연구

뜻 실험의 형태가 아니라 자연스러운 환경에서 사건이나 현상을 주시하고 기록하는 비실험적인 연구 설계. 이러한 연구에서는 연구자가 개입하지 않고 단순히 현상을 관찰하고 기록한다.

설 명 주체에게 직접적인 영향을 미치지 않고 자료를 수집하는 연구

예 학생들의 교실 내 휴식 시간 활동에 대한 관찰 연구, 환경에 대한 관찰 연구

IM

For each question, determine whether it is a statistical question. If it is a statistical question, determine whether an experimental study, observational study, or survey would be best at providing data to answer the question. Explain your reasoning.

1. Do dogs who eat only Brand A of dog food have more health problems than those who eat a variety of food brands?
2. Do people who sit for at least 8 hours per day have more health problems than those who sit for fewer than 8 hours per day?
3. Which brand of dog food has the most protein per serving?
4. Do people who eat a low-fat diet feel healthier than those who eat a variety of foods?

odd function

기함수 [even function 참고]

뜻 $f(-x)=-f(x)$를 만족하는 함수

설 명 함수의 그래프가 원점을 중심으로 대칭인 함수. 다항함수에서는 모든 항의 차수가 홀수인 경우에 해당한다.

예 $y-x$, $f(x)=x^3+x$

시각적 표 현

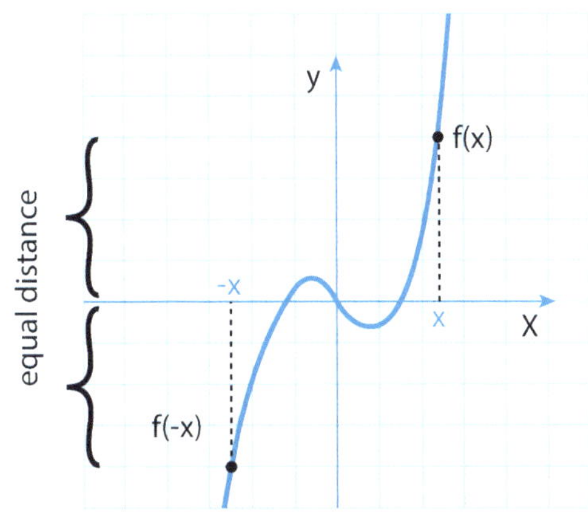

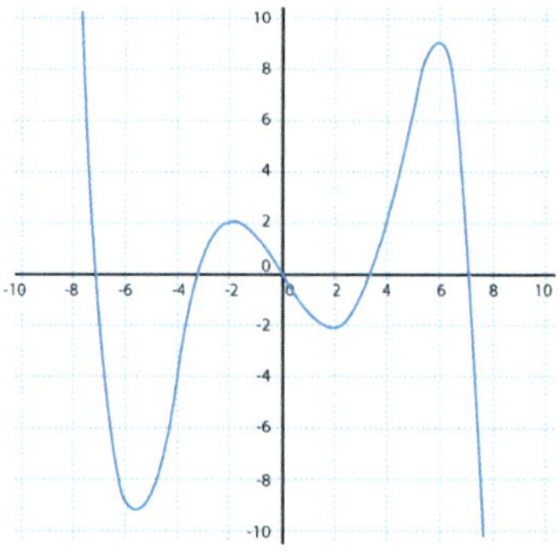

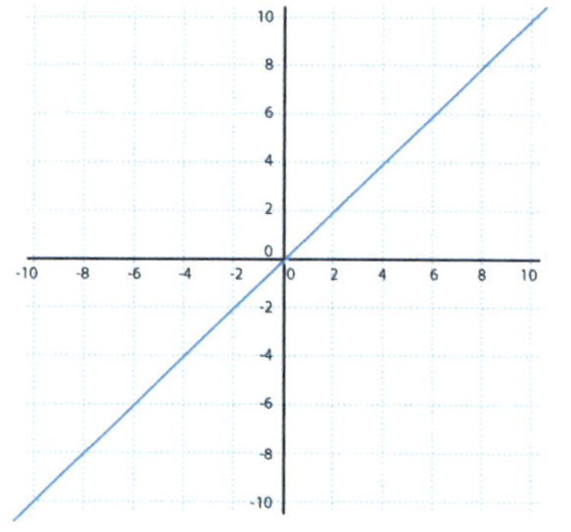

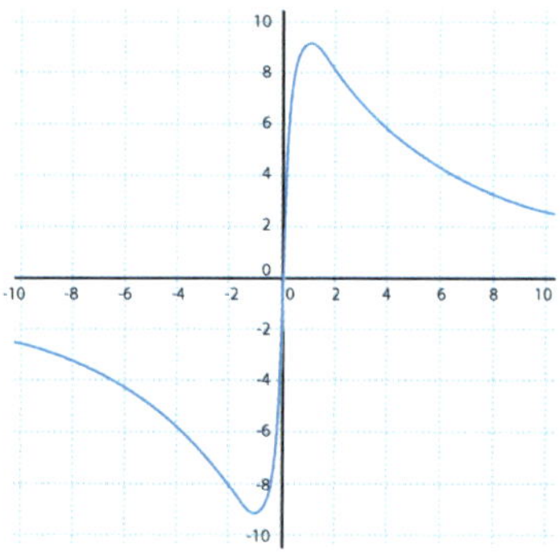

IM

Take turns with your partner to decide if the function is even, odd, or neither. If it's your turn, explain to your partner how you decided. If it's your partner's turn, listen carefully to their reasons and decide if you agree. If you disagree, discuss your thinking and work to reach an agreement.

1. $f(x) = 3x^4 - 2x^2 + 1$
2. $g(x) = x^3 - x$
3. $h(x) = (x^2 - 1)(x^2 - 4)$
4. $j(x) = 2^x + 2^{-x}$
5. $k(x) = (x^3 - 1)x$
6. $m(x) = (x - 0.9)x(x + 1.1)$
7. $n(x) = x(x^2 - 1)(x^2 - 4)$
8. $p(x) = (x^2 + 4)(x^2 - 3)$
9. $q(x) = \frac{1}{x} + x$
10. $r(x) = \frac{1}{x} - x$

outlier

이상치, 이상점

뜻 자료에서 다른 값들과 극단적으로 차이가 나는 값

설 명

- 일반적으로, 이상치는 일반적인 자료 패턴에서 벗어난 값으로 간주된다.
- 이상치는 평균이나 중앙값에 비해 극단적으로 크거나 작은 값일 수 있다.
- 이상치를 판별하는 방법 중의 하나는 Q3+1.5·IQR보다 크고 Q1−1.5·IQR보다 작은 수를 찾는 것이다. 여기서 Q3는 제3사분위수, Q1은 제1사분위수, IQR(interquartile range)은 사분범위이다.

예 위의 법칙을 적용할 때, 이 그림에서 최솟값인 0과 최댓값인 44는 모두 이상치이다. IQR=Q3−Q1=10이고 0은 Q1에서 1.5·IQR을 뺀 값보다 작고, 44는 Q3에 1.5·IQR을 더한 값보다 크기 때문이다. 이상치로 판별되면 선에서 제외하여 점으로 다시 표기할 수 있다.

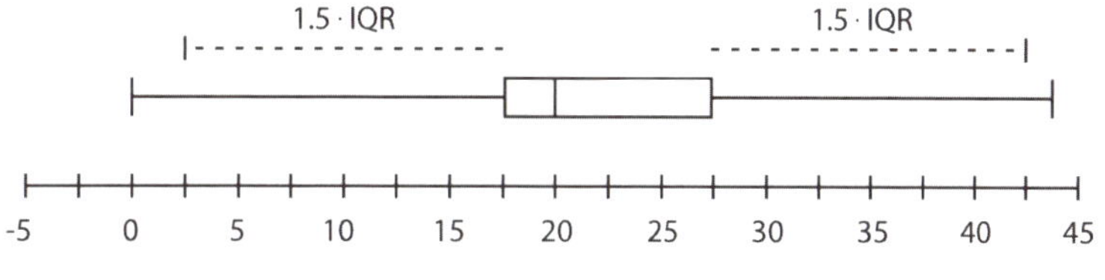

O

IM

1. The number of property crime (such as theft) reports is collected for 50 colleges in California. Some summary statistics are given:

   15 17 27 31 33 39 39 45 46 48 49 51 52 59 72 72 75 77 77 83

   86 88 91 99 103 112 136 139 145 145 175 193 198 213 230 256 258

   260 288 289 337 344 418 424 442 464 555 593 699 768

   - mean: 191.1 reports
   - minimum: 15 reports
   - Q1: 52 reports
   - median: 107.5 reports
   - Q3: 260 reports
   - maximum: 768 reports

   a. Are any of the values outliers? Explain or show your reasoning.
   b. If there are any outliers, why do you think they might exist? Should they be included in an analysis of the data?

O

P

parabola

포물선

뜻 평면 위의 한 정점과 그 점을 지나지 않는 한 직선으로부터 동일한 거리에 있는 점들의 집합

설 명 이 정점을 초점(focus), 이 직선을 준선(directrix)이라고 부른다.

시각적 표 현

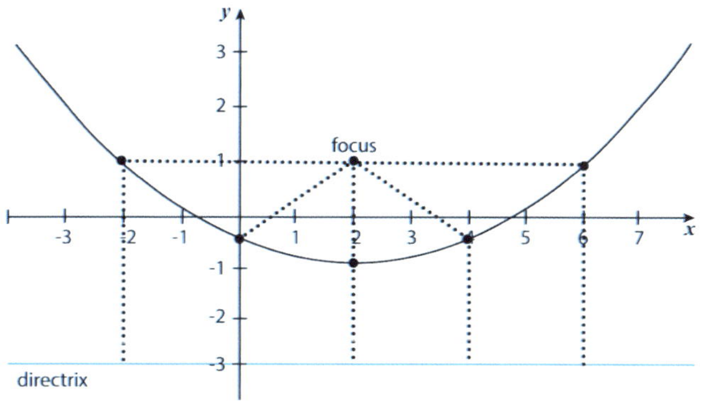

IM The image shows a parabola with focus $(6, 4)$ and directrix $y = 0$ (the x-axis).

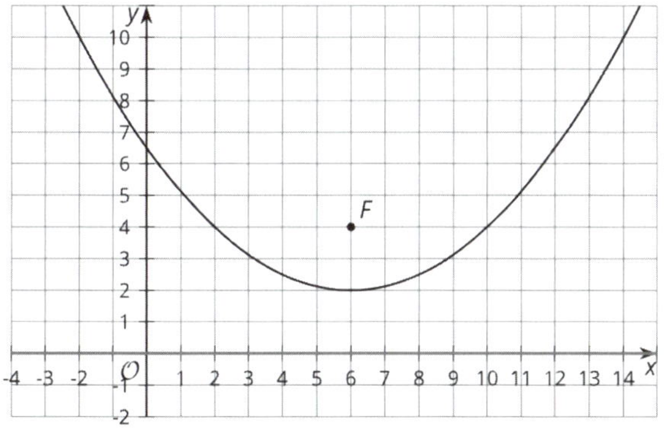

1. The point $(11, 5)$ looks like it might be on the parabola. Determine if it really is on the parabola. Explain or show your reasoning.
2. The point $(14, 10)$ looks like it might be on the parabola. Determine if it really is on the parabola. Explain or show your reasoning.
3. In general, how can you determine if a particular point (x, y) is on the parabola?

parallel

평행

P

뜻 교차하지 않는 두 직선을 평행하다고 말한다.

기 호 직선 l과 m이 평행할 때, $l \parallel m$

시각적 표 현

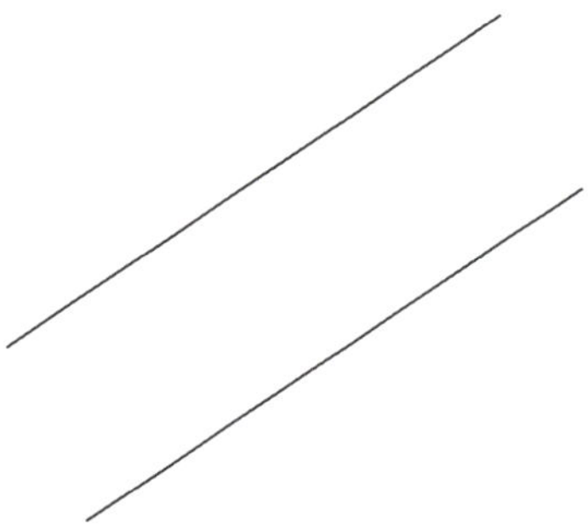

IM　Prove lines AI and GJ are parallel.

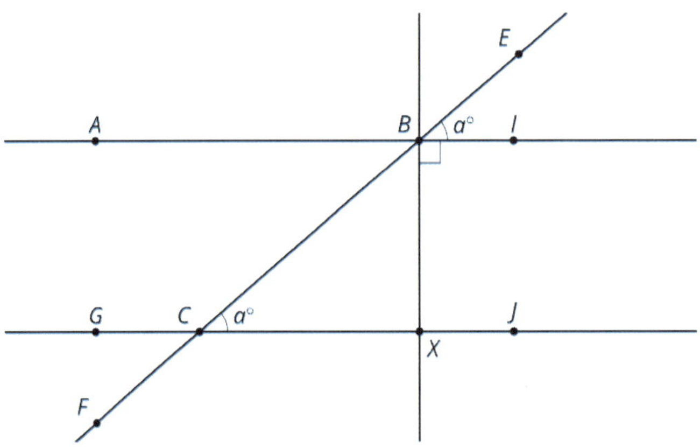

period

주기 [periodic function 참고]

뜻 주기함수에서 함숫값이 반복되는 간격의 길이로 주기적인 패턴에서 반복되는 시간 또는 거리

기 호 $f(x+p)=f(x)$ 일 때 p가 주기이다.

예 사인함수에서 주기는 360도, 2π라디안이다.

시각적 표 현

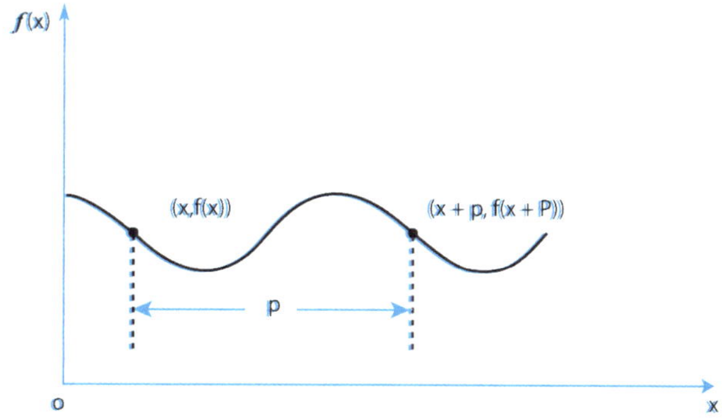

IM Select **all** the functions that have period π.

A:

$y=\cos\left(\frac{x}{2}\right)$

B:

$y=\sin\left(\frac{x}{2}\right)$

C:

$y=\cos(x)$

D:

$y=\cos(2x)$

E:

$y=\sin(2x)$

P

periodic function

주기함수

뜻 output이 주기적으로 반복되는 함수. 다시 말해 함숫값이 일정한 간격을 가지고 반복되는 함수이다.

기 호 $f(x+T)=f(x)$를 만족하는 실수 x와 어떤 양수인 T가 존재할 때, 함수 $f(x)$는 주기 T를 갖는 주기함수이다. 이는 함수가 특정 간격마다 동일한 패턴을 반복한다는 것을 의미한다.

예 삼각함수는 모두 주기함수이다.

IM

1. How many times a day do the minute hand and the hour hand on a clock point in the same direction?
2. At what times do they point in the same direction?

perfect square

완전제곱(식) [completing the square 참고]

뜻 자신을 곱한 것으로 표현되는 수 또는 식의 형태

예 $a^2+2ab+b^2 = (a+b)(a+b) = (a+b)^2$

$a^2-2ab+b^2 = (a-b)(a-b) = (a-b)^2$

IM

2. Decide if each expression is a perfect square. If so, write an equivalent expression of the form $(kx + m)^2$. If not, suggest one change to turn it into a perfect square.

   a. $4x^2 + 12x + 9$
   b. $4x^2 + 8x + 25$

perpendicular bisector

수직이등분선

P

뜻 선분의 수직이등분선은 선분의 중점을 지나며 그 선분에 수직인 직선이다.

시각적 표현 아래 그림에서 직선 l이 선분 AB의 수직이등분선이다.

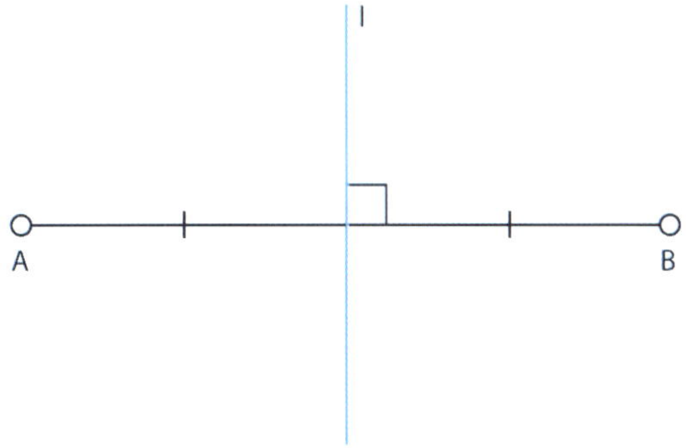

IM

1. Work on your own to make a diagram and write a rough draft of a proof for the statement: If P is a point on the perpendicular bisector of AB, prove that the distance from P to A is the same as the distance from P to B.
2. With your partner, discuss each other's drafts. Record your partner's feedback for your proof.
   - What do you notice that your partner understands about the problem?
   - What question would you ask them to help them move forward?

piecewise function

구간함수

뜻 정의역의 여러 구간에서 서로 다른 식을 사용하여 정의된 함수

설 명

- 정의역의 각 구간의 그래프가 연결될 수도 있고 연결되지 않을 수도 있다.
- 각 구간마다 다른 식을 사용하여 함수를 정의한다.

예 $f(x)=\begin{cases} -x & (x<0) \\ 0 & (x=0) \\ x & (x>0) \end{cases}$

시각적 표 현

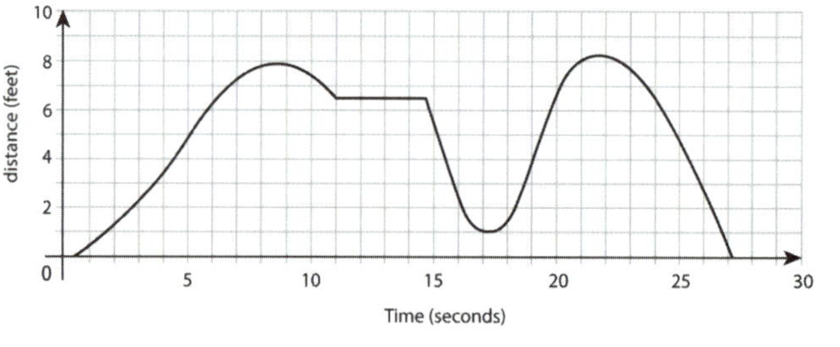

IM

The relationship between the postage rate and the weight of a letter can be defined by a **piecewise function**.

The graph shows the 2018 postage rates for using regular service to mail a letter.

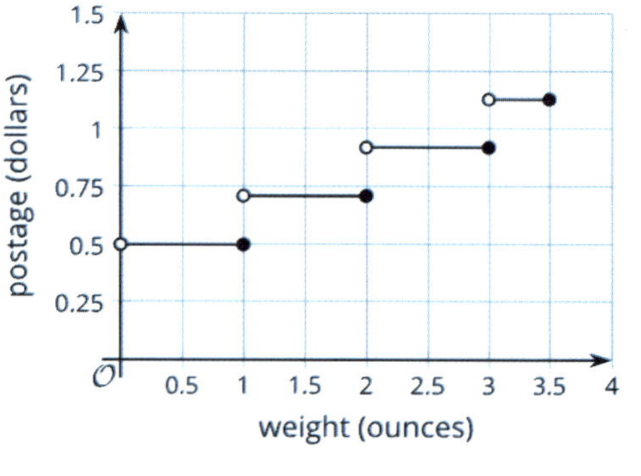

P

point-slope form

기울기와 y절편을 사용하여 나타낸 일차함수의 식 표현

뜻 일차함수의 식을 나타내는 여러가지 방법 중 가장 기본적인 형태로, $y=mx+b$이다.

설 명 한국에서는 기울기를 나타내는 문자로 보통 'a'를 사용하는데 미국에서는 'm'을 사용한다. 'b'는 한국과 미국에서 공통적으로 y절편을 나타내는 데 주로 사용된다.

예 $y=3x-6$

P

IM

1. Write an equation that describes each line.
   a. the line passing through point $(-2, 8)$ with slope $\frac{4}{5}$
   b. the line passing through point $(0, 7)$ with slope $-\frac{7}{3}$
   c. the line passing through point $(\frac{1}{2}, 0)$ with slope -1
   d. the line in the image

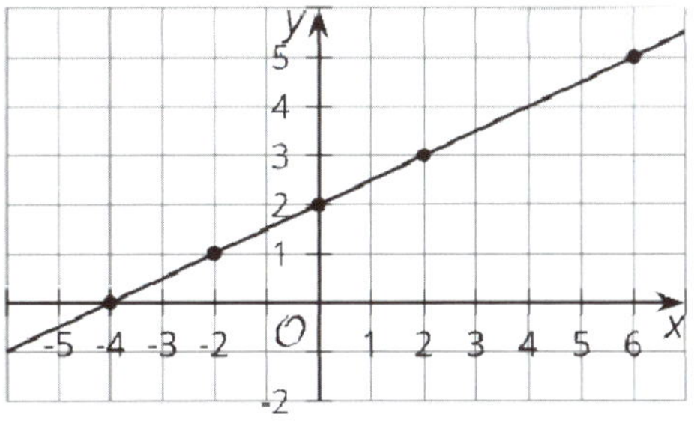

polynomial

다항식

뜻 다항식은 가장 간단히 정리했을 때 하나 이상의 항을 포함하는 수식으로, 각 항은 변수의 음이 아닌 정수 차수로 이루어져 있다. 각 항은 상수와 변수의 곱 또는 상수로 구성된다.

P

설 명

- polynomial은 일반적으로 다항식을 나타내는 용어이지만 다항함수의 의미로 사용되기도 한다.
- 일반적으로 항이 하나인 단항식도 다항식에 포함된다.

기 호 변수가 하나일 때 다항식의 형식은 다음과 같다:

$$P(x) = a_n x^n + a_{n-1} x^{n-1} + \cdots + a_1 x + a_0$$

여기서 a_n, a_{n-1}, $\cdots$, a_1, a_0은 상수이고, x는 변수, n은 다항식의 차수이다.

IM

Use graphing technology to write equations for polynomial functions whose graphs have the characteristics listed when plotted on the coordinate plane.

1. A 1st degree polynomial function whose graph intercepts the vertical axis at 8.
2. A 2nd degree polynomial function whose graph has only positive y-values.
3. A 2nd degree polynomial function whose graph contains the point $(0, -9)$.
4. A 3rd degree polynomial function whose graph crosses the horizontal axis more than once.
5. A 4th degree or higher polynomial function whose graph never crosses the horizontal axis.

positive relationship

양의 (상관)관계 [negative relationship 참고]

뜻 한 변수가 증가할 때 다른 변수도 증가하는 경향이 있는 경우를 양의 관계라고 한다.

설 명 positive correlation과 크게 차이없이 사용된다.

예

- weak relationship 약한 관계: 두 개의 수치 변수 간의 관계가 약할 경우 자료가 최적의 추세선 주변에 느슨하게 분포되어 있다.

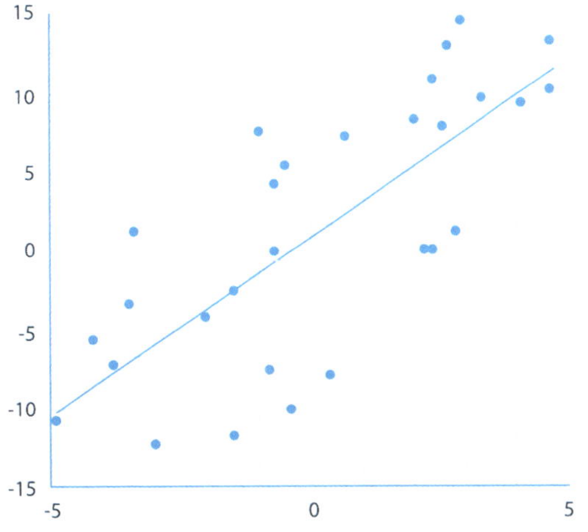

- strong relationship 강한 관계: 한 변수가 변화할 때 다른 변수도 일관되게 변화하는 관계. 이는 일반적으로 두 변수 간의 높은 상관성이나 연관성을 의미한다. 두 개의 수치 변수 간의 관계가 강한 경우, 자료가 최적의 추세선 (best fit line) 주변에 밀집되어 있는 경우를 말한다.

P

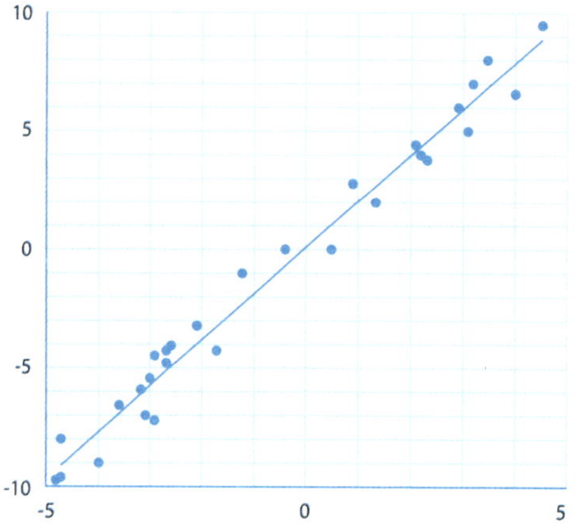

P

Pythagorean identity

피타고라스 항등식

뜻 삼각함수의 피타고라스 항등식은 사인과 코사인 함수를 포함하는 항등식이다.

기 호 직각삼각형에서 모든 각 θ에 대해 다음과 같이 나타낼 수 있다:

$$\sin^2(\theta)+\cos^2(\theta)=1$$

설 명 이 항등식은 삼각법의 기본 개념 중 하나로, 삼각함수 방정식과 항등식을 푸는 데 자주 사용된다. 본질적으로 직각삼각형에서 각의 사인과 코사인을 빗변의 길이와 연결하는 역할을 한다.

IM

Show that if θ is an angle between 0 and 2π and neither $\cos(\theta)=0$ nor $\sin(\theta)=0$, then it is impossible for the sum of $\cos(\theta)$ and $\sin(\theta)$ to be equal to 1.

Q

quadratic equation

이차방정식

뜻 이차방정식은 최고차항의 차수가 2인 방정식이다.

설 명 이차방정식의 해는 그 등식을 만족시키는 x의 값이다. 이차방정식 $ax^2+bx+c=0$의 해를 구하는 것은 이차함수 $f(x)=ax^2+bx+c$의 그래프인 포물선이 x축과 만나는 점의 x좌표를 구하는 것과 같다.

기 호 일반적으로 다음과 같은 형태를 갖는다.

$$ax^2+bx+c=0$$

여기서 x는 변수이고, a, b, c는 상수이며, $a \neq 0$이다.

예 $2x^2+6x+5=0$

IM

The other day, you saw an equation that defines the height of a potato as a function of time after it was launched from a mechanical device. Here is a different function modeling the height of a potato, in feet, t seconds after being fired from a different device:

$$f(t) = -16t^2 + 80t + 64$$

1. What equation would we solve to find the time at which the potato hits the ground?
2. Use any method *except graphing* to find a solution to this equation.

quadratic expression

이차식

뜻 최고차항의 차수가 2인 식

기 호 일반적으로 다음과 같은 형태를 가진다.

$$ax^2+bx+c$$

예 $x^2+5x+6,\ -3x^2+7x+15$

Q

IM

Here is a clever way to think about quadratic expressions that would make it easier to rewrite them in factored form.

$$9x^2+21x+10$$
$$(3x)^2+7(3x)+10$$
$$N^2+7N+10$$
$$(N+2)(N+5)$$
$$(3x+2)(3x+5)$$

1. Use the distributive property to expand $(3x+2)(3x+5)$. Show your reasoning and write the resulting expression in standard form. Is it equivalent to $9x^2+21x+10$?
2. Study the method and make sense of what was done in each step. Make a note of your thinking and be prepared to explain it.
3. Try the method to write each of these expressions in factored form.

$4x^2+28x+45$ $\qquad$ $25x^2-35x+6$

quadratic formula

근의 공식

뜻 이차방정식의 해를 구하는 공식

기 호 $x=\dfrac{-b\pm\sqrt{b^2-4ac}}{2a}$

설 명 $ax^2+bx+c=0$을 x에 관해 풀면 아래의 과정을 거친다.

$ax^2+bx+c=0 \ (a \neq 0)$

$\rightarrow x^2+\frac{b}{a}x+\frac{c}{a}=0$ (양변을 x^2의 계수 a로 나눔)

$\rightarrow x^2+\frac{b}{a}x=-\frac{c}{a}$ (양변에서 상수항을 뺌)

$\rightarrow x^2+\frac{b}{a}x+\left(\frac{b}{2a}\right)^2=-\frac{c}{a}+\left(\frac{b}{2a}\right)^2$

(양변에 x의 계수의 절반의 제곱을 더함)

$\rightarrow \left(x+\frac{b}{2a}\right)^2=\frac{b^2-4ac}{4a^2}$ (완전제곱식으로 변형)

$\rightarrow x+\frac{b}{2a}=\frac{\pm\sqrt{b^2-4ac}}{2a}$ (제곱근을 구함)

$\rightarrow x=\frac{-b\pm\sqrt{b^2-4ac}}{2a}$ (양변에서 상수항을 뺌)

예 $2x^2+5x-6=0$에 근의 공식을 적용하면,

$\frac{-5\pm\sqrt{5^2-4(2)(-6)}}{2(2)}$가 된다.

IM

1. Use the quadratic formula to solve $ax^2+c=0$. Let's call the resulting equation P.
2. Solve the equation $3x^2-27=0$ in two ways, showing your reasoning for each:

- Without using any formulas.
- Using equation P.

Q

3. Check that you got the same solutions using each method.
4. Use the quadratic formula to solve $ax^2 + bx = 0$. Let's call the resulting equation Q.
5. Solve the equation $2x^2 + 5x = 0$ in two ways, showing your reasoning for each:
   - Without using any formulas.
   - Using equation Q.
6. Check that you got the same solutions using each method.

quadratic function

이차함수

뜻 함수식이 이차식인 함수

설 명 그래프를 그리면 포물선이 된다.

기 호 $f(x)=ax^2+bx+c$ (a, b, c는 상수이고 a는 0이 아니다.)

예 $f(x)=2x^2+5x-6$

IM

Galileo correctly observed that gravity causes objects to fall in a way where the distance fallen is a quadratic function of the time elapsed. He got a little carried away, however, and assumed that a hanging rope or chain could also be modeled by a quadratic function.

Here is a graph of such a shape (called a catenary) along with a table of approximate values.

x	-4	-3	-2	-1	0	1	2	3	4
y	7.52	4.70	3.09	2.26	2	2.26	3.09	4.70	7.52

Show that an equation of the form $y = ax^2 + b$ cannot model this data well.

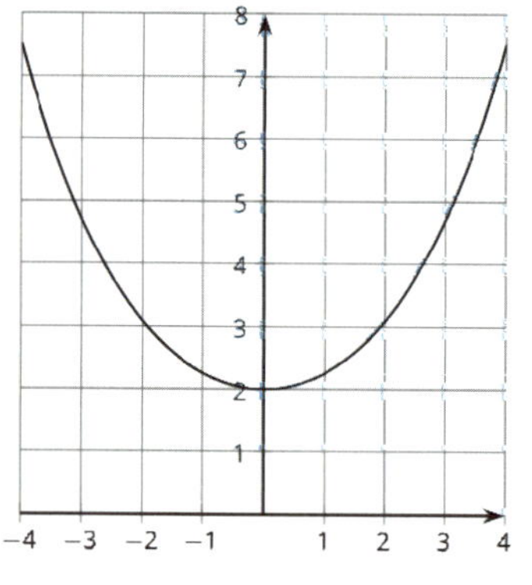

R

radian

라디안

뜻 각도의 크기를 측정하는 데 사용되는 각도의 단위 중 하나. 한 원의 중심에 있는 각의 라디안 측정값은 그 각에 의해 정의된 호의 길이와 원의 반지름 사이의 비율로 정의된다.

설 명 1 라디안은 반지름의 길이와 호의 길이가 같을 때의 각도이다. 일반적으로 각도를 라디안으로 표현하면, 반지름의 길이와 호의 길이의 비율이 1일 때 1 라디안이 된다.

시각적 표 현

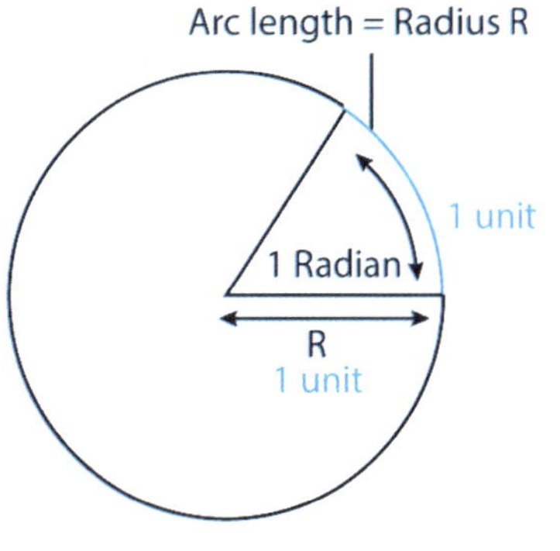

IM

This double number line shows degree measurements on one line and radians on another.

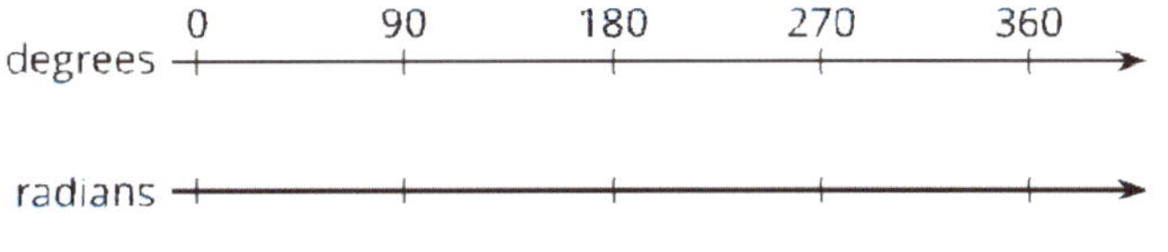

1. Fill in the radian measures on the bottom line for 0°, 90°, 180°, 270°, and 360°.
2. Express each radian measurement in degrees.

a. $\frac{\pi}{3}$ radians
b. $\frac{5\pi}{4}$ radians

3. Express each degree measurement in radians.
   a. 30°
   b. 120°

random selection

무작위 추출

뜻 한 집합 내의 각 항목이 선택될 확률이 동일한 선택 과정

설 명 모든 선택 사항이 동일한 확률로 선택되는 과정으로 각 선택 사항이 독립적이고 각각의 선택이 이전 선택에 영향을 미치지 않는다는 것을 의미한다. random sampling이라고도 한다.

예 제비뽑기

R

IM

A reporter wants to know how people feel about the governor of her state. She decides to ask 100 people their opinions and thinks of several ways to ask the 100 people. For each method, explain the benefits and drawbacks, then choose the method for selecting 100 people that would best represent the people of the state.

1. Go to the capital city and find 100 people interested in politics to respond to the survey.
2. Ask the 100 most politically influential people in the state to respond to the survey.
3. Obtain census data for the state and select 100 people from the list to survey using a random process.
4. Ask 50 registered voters who voted for the governor and 50 registered voters who did not vote for the governor to respond to the survey.

rational function

유리함수

뜻 분자와 분모에 다항식이 포함되는 분수로 정의되는 함수

설 명 다항식은 분모가 1인 분수로 표현할 수 있으므로 유리함수에 포함된다.

예 $f(x)=\frac{1}{x},\ g(x)=\frac{2x-3}{3x^2+5x-1}$

IM

A cylindrical can needs to have a volume of 6 cubic inches. A label is to go around the side of the can. The function $S(r)=\frac{12}{r}$ gives the area of the label in square inches where r is the radius of the can in inches.

1. As r gets closer and closer to 0, what does the behavior of the function tell you about the situation?
2. As r gets larger and larger, what does the end behavior of the function tell you about the situation?

R

real number

실수

뜻 유리수와 무리수를 합한 수의 집합으로 수직선에서 정의되는 수

설 명 제곱하면 0 이상이 된다. 미국 수학교육과정에서 수

의 집합 또는 종류를 나타내는 용어는 다음과 같다.

1. Natural number (자연수)
2. Whole number (0과 자연수)
3. Integer (정수)
4. Rational number (유리수)
5. Irrational number (무리수)
6. Real number (실수)
7. Complex number (복소수)

이 중에서 whole number는 한국 교육과정에서 다뤄지지 않지만 미국에서는 많이 사용되는 용어이다.

예 $2,\ -5,\ \frac{2}{7},\ 0.753,\ \sqrt{5},\ 0$

IM

Numbers on the number line are often called **real numbers**.

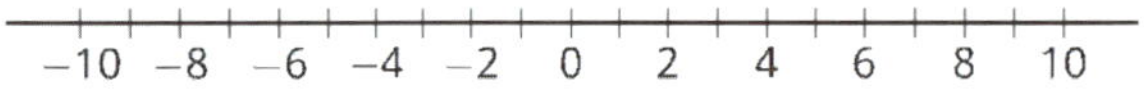

1. The equation $x^2 = 9$ has 2 real solutions. How can you see this on the graph of $y = x^2$? Draw points on this real number line to represent these 2 solutions.
2. How many real solutions does $x^2 = 0$ have? Explain how you can see this on the graph of $y = x^2$. Draw the solution(s) on a real number line.
3. How many real solutions does $x^2 = -1$ have? Explain how you can see this on the graph of $y = x^2$. Draw the solution(s) on a real number line.

reciprocal

역수

뜻 어떤 수와 곱하여 1이 되는 수를 그 수의 역수라 한다. 0이 아닌 a의 역수는 $\frac{1}{a}$로 나타낼 수 있다.

설 명 어느 수와 그 수의 역수의 곱은 1이다. 좌표평면에서 수직인 두 직선의 기울기는 서로 부호가 다른 역수가 된다. 영어로 opposite reciprocals라고 말한다.

IM

The diagram shows triangle ABC and its image, triangle $AB'C'$, under a 90-degree rotation counterclockwise using the origin as the center. Since the rotation was through 90 degrees, all line segments in the image are perpendicular to the corresponding segments in the original triangle. For example, segment AC is horizontal, while segment AC' is vertical.

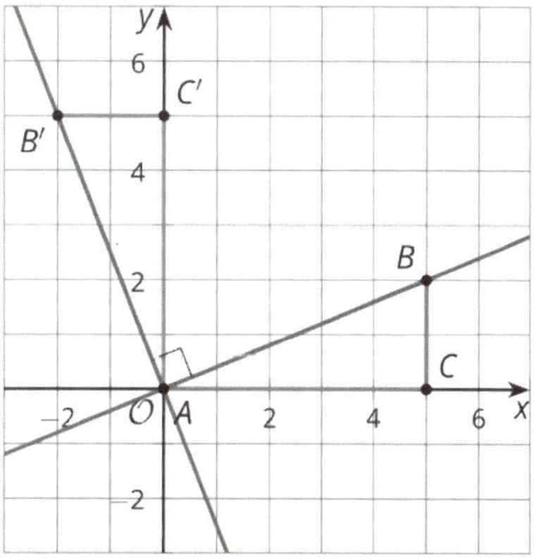

Look at segments AB and AB', which, like the other pairs of segments, are perpendicular. The slope of segment AB is $\frac{2}{5}$, while the slope of segment AB' is $-\frac{5}{2}$. Notice the relationship between the slopes: They are reciprocals of one another, and have opposite signs. The product of the slopes, $\frac{2}{5} \cdot \left(-\frac{5}{2}\right)$, is -1. As long as perpendicular lines are not horizontal or vertical, their slopes will be **opposite reciprocals** and have a product of -1.

We can use this fact to help write equations of lines. For example, try writing the equation of a line that passes through the point $(23, -30)$ and is perpendicular to a line ℓ represented by $y = 3x + 5$. The slope of line ℓ is 3. The slope of any line perpendicular to line ℓ is the opposite reciprocal of 3, or $-\frac{1}{3}$. Substitute the point $(23, -30)$ and the slope $-\frac{1}{3}$ into the point-slope form to get the equation $y - (-30) = -\frac{1}{3}(x - 23)$.

R

reflection symmetry

선대칭 [▶ line of symmetry 참고]

뜻 어떤 도형을 한 직선에 대해 반사시켰을 때 원래 도형과 포개지는 경우 그 도형은 선대칭이라고 표현한다.

설 명

- 자기 자신을 상(image)으로 갖는 대칭이동이 있는 도형을 선대칭 도형이라 한다.
- 선대칭 도형은 대칭축(line of symmetry)이 되는 직선을 따라 접으면 서로 포개어진다.

시각적 표 현

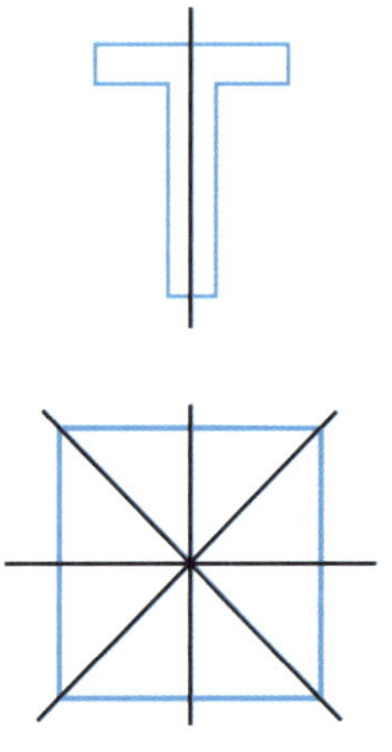

R

IM

A shape has **symmetry** if there is a rigid transformation which creates an image that fits exactly over the original shape. A shape has **reflection symmetry** if there is a reflection that takes the shape to itself, and the line of reflection in this case is called a **line of symmetry**. A regular hexagon has many lines of symmetry. Here are 2 of them. What other lines create a reflection where the image is the same as the original figure?

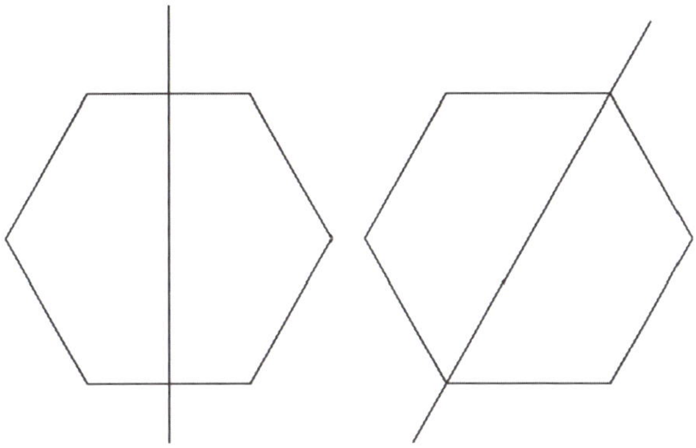

regular polygon

정다각형

뜻 변의 길이와 내각의 크기가 모두 같은 다각형

예 정삼각형(regular triangle), 정사각형(regular quadrilateral), 정육각형(regular hexagon), 정십이각형(regular dodecagon)

IM

Here is a diagram of a square inscribed in a circle and another circle inscribed in the same square.

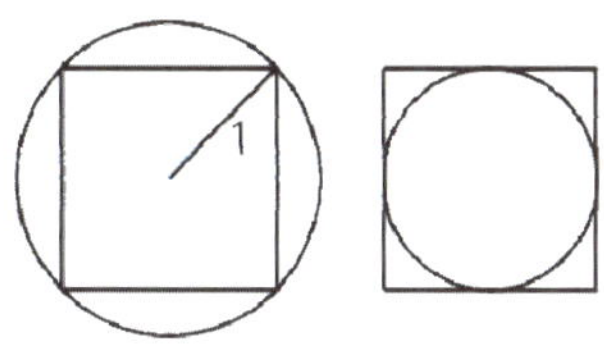

1. How much shorter is the perimeter of the small circle than the perimeter of the large circle?
2. If the square was replaced with a regular polygon with more sides, would your previous answer be larger, smaller, or the same? Explain or show your reasoning.

relative frequency histogram

상대도수 히스토그램

[▶ 중학편 relative frequency 참고]

뜻 주어진 자료에서 각 구간의 상대도수를 표시하는 히스토그램

설 명 상대도수 히스토그램에서는 각 막대의 높이가 해당 구간에 속하는 자료와 전체 자료의 비율이다. 다시 말해, 각 막대의 높이는 해당 구간에 속하는 자룟값의 상대적 빈도를 나타낸다.

시각적 표 현

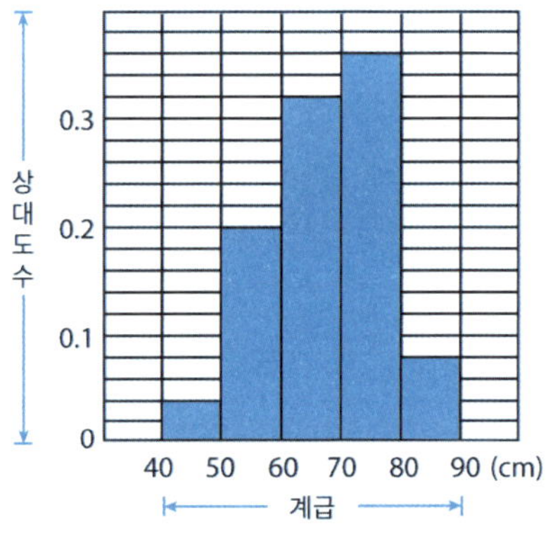

IM

2. A **relative frequency histogram** is a histogram in which the height of each bar is the relative frequency. Since the heights of the bars are found by dividing each height by the total number of sticks of butter, the shape of the distribution is the same as a regular histogram, but the labels on the y-axis are changed. Label the y-axis with the correct values for each mark.

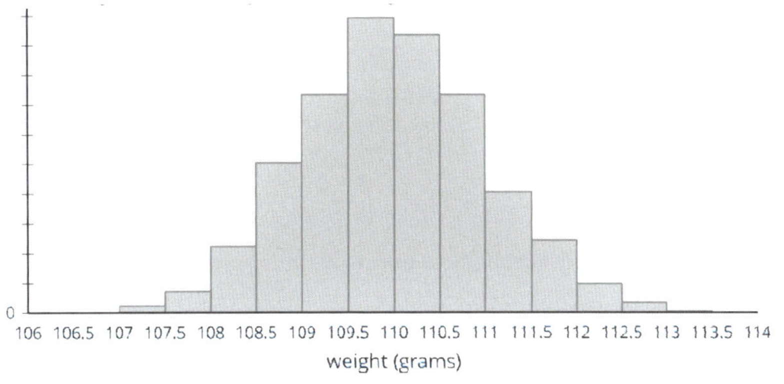

relative frequency table

상대도수표

뜻 주어진 자료에서 각 값이 발생하는 상대적 빈도를 나타내는 표. 이 표는 각 값의 상대도수를 표시하여 전체 자료에 대한 각 값의 상대적 발생 빈도를 보여준다.

설 명 이차원 표(two-way table)의 한 버전으로, 각 칸의 값이 전체 표의 총 응답 수, 또는 행 또는 열의 총 응답 수로 나눠지는 형태이다.

예 아래 표는 대학 서점에서 판매되는 120권의 교과서 중 상태와 가격 간 관계에 대한 상대도수를 보여준다.

	$10 or less	more than $10 but less than $30	$30 or more
new	0.025	0.075	0.225
used	0.275	0.300	0.100

IM

In an experiment to test the effectiveness of vitamin C on the length of colds, two groups of people with colds are given a pill to take once a day. The pill for one of the groups contains 1,000 mg of vitamin C, while the other group takes a placebo pill. The researchers record the results in a table.

	group A	**group B**
cold lasts less than a week	16	27
cold lasts a week or more	17	53

1. First, the researchers want to know what percentage (to the nearest whole percent) of people are in each combination of categories. Fourteen percent of all the participants had a cold that lasted less than a week and were in group A. What percentage of all the participants had a cold that lasted less than a week and were in group B? Complete the rest of the relative frequency table with the corresponding percentages.

	group A	**group B**
cold lasts less than a week	14% ($\frac{16}{16+27+17+53} \approx 0.14$)	
cold lasts a week or more		

R

relative maximum

극댓값 [▶ maximum 참고]

뜻 주변의 점들보다 더 높은 함수 그래프 상의 한 점의 함숫값

설 명 주어진 정의역에 따라 극댓값은 최댓값(maximum)이 될 수도 있고 아닐 수도 있다. 극댓값이 정의역에서 가장 큰 경우, 최댓값이 된다. local maximum과 같은 의미이다.

시각적 표현

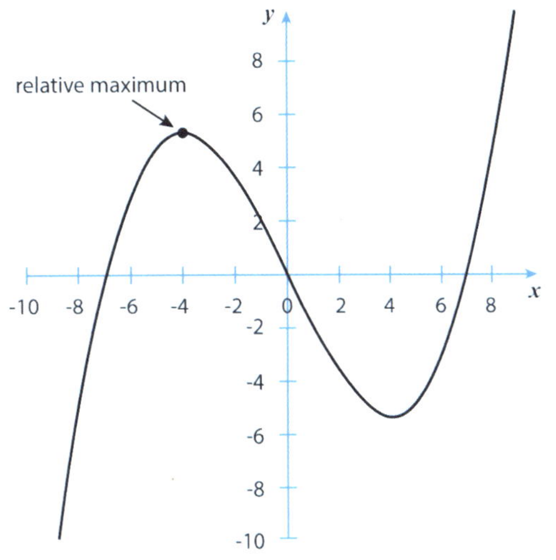

IM

We know these things about a polynomial function, $f(x)$: it has exactly one relative maximum and one relative minimum, it has exactly three zeros, and it has a known factor of $(x-4)$. Sketch a graph of $f(x)$ given this information.

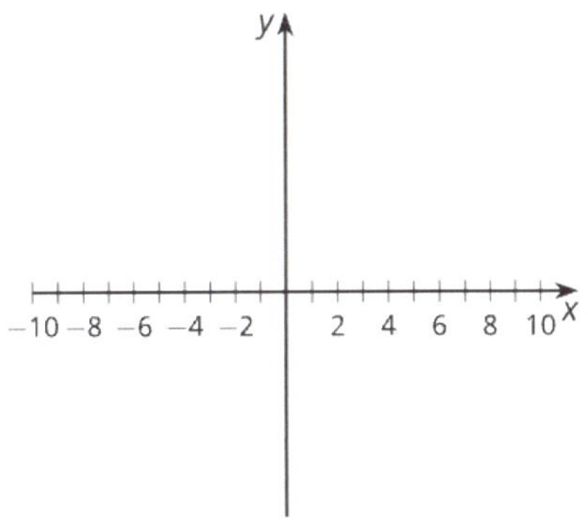

R

relative minimum

극솟값 [minimum 참고]

뜻 주변의 점들보다 더 낮은 함수 그래프 상의 한 점의 함숫값

설 명 주어진 정의역에 따라 극솟값은 최솟값(minimum)이 될 수도 있고 아닐 수도 있다. 극솟값이 정의역에서 가장 작은 경우, 최솟값이 된다. local minimum과 같은 의미이다.

시각적 표 현

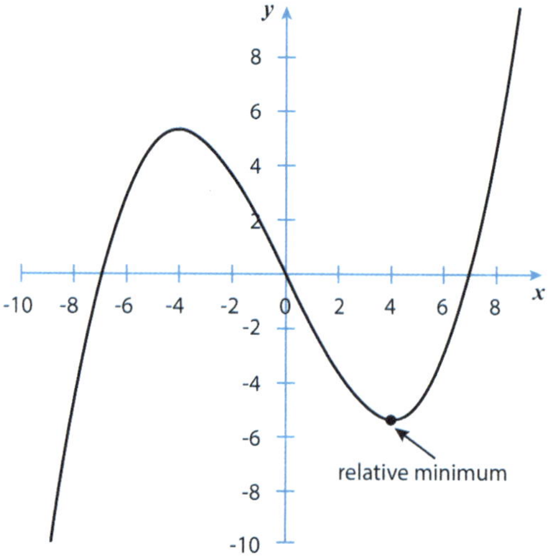

R

IM

Select **all** points where relative minimum values occur on this graph of a polynomial function.

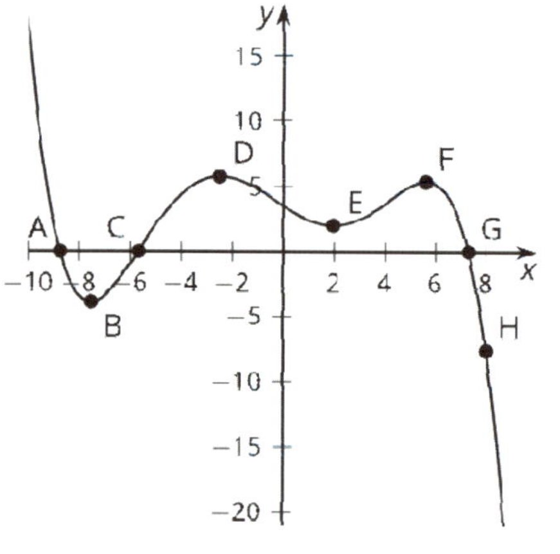

residual

잔차

뜻 산점도에서 점의 값과 선형 회귀 모델(linear regression)에 의해 예측된 값 사이의 차이

설 명 한국 교육과정에서는 사용되지 않지만 미국 고등학교 통계 수업에서는 line of best fit(추세선)과 함께 자주 등장하는 용어이다.

시각적 표 현 다음 그래프에서 점들이 자료의 변량들이고 직선이 linear regression 또는 line of best fit (추세선)이다. 이 때 점선으로 나타낸 값이 residual이다.

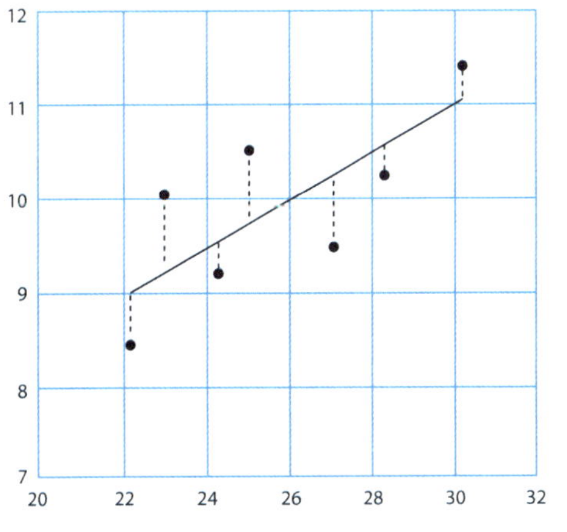

IM

1. Tyler estimates a line of best fit for some data about the mass, in grams, of different numbers of apples. Here is the graph of the residuals.

R

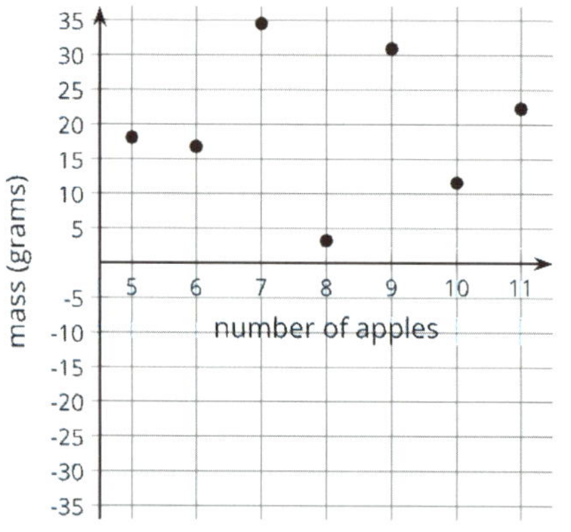

a. What does Tyler's line of best fit look like according to the graph of the residuals?
b. How well does Tyler's line of best fit model the data? Explain your reasoning.

right (solid)

직(각기둥/각뿔/원기둥/원뿔) [oblique 참고]

R

뜻 직육면체 또는 원기둥에서 한 밑면이 다른 밑면과 겹치도록 이동할 때, 이동을 정의하는 유향 선분이 밑면에 수직일 때 사용하는 용어이다. 원뿔이나 각뿔은 꼭짓점에서 시작하여 밑면에 수직인 선분이 밑면의 중심을 통과하는 경우에 사용된다.

시각적 표현

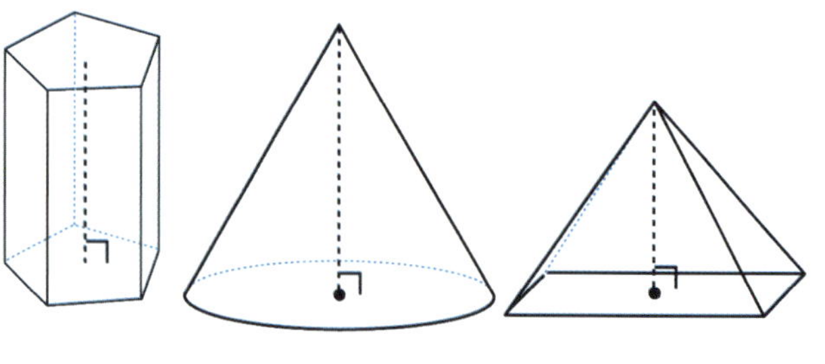

IM

Suppose we have a stack of paper in the shape of a rectangular prism. Then we shift the paper so the prism slants to the side. The first is called a **right** prism because its sides are at right angles to its base. The second one, without right angles between the sides and the base, is called an **oblique** prism. The volume of the prism doesn't change when we shift it—the amount of paper stays the same.

rotation symmetry

회전대칭 [▶ reflection symmetry 참고]

뜻 도형을 어떤 방향으로 특정한 각도만큼 회전했을 때 같은 도형으로 포개질 경우 회전대칭이라고 말한다.

설 명 회전대칭은 그림이나 도형이 특정 각도로 회전했을 때 자신과 일치하는 성질을 가리킨다. 원의 중심을 기준으로 그림이나 도형을 회전시켰을 때, 처음과 같은 모양이 되는 경우이다. 한국 수학교육과정에서는 점에 대한 대칭임을 강조하여 180° 회전대칭인 경우만 다루며, 이를 점대칭이라 부른다.

시각적 표 현

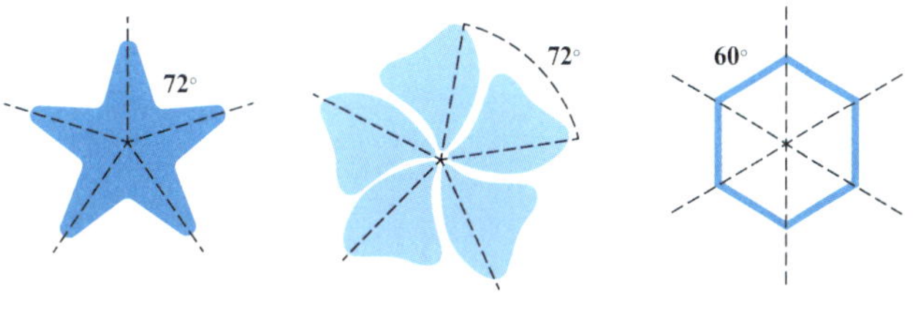

IM

Clare says, "Last class I thought the parallelogram would have reflection symmetry. I tried using a diagonal as the line of symmetry but it didn't work. So now I'm doubting that it has rotation symmetry."

Lin says, "I thought that too at first, but now I think that a parallelogram *does* have rotation symmetry. Here, look at this."

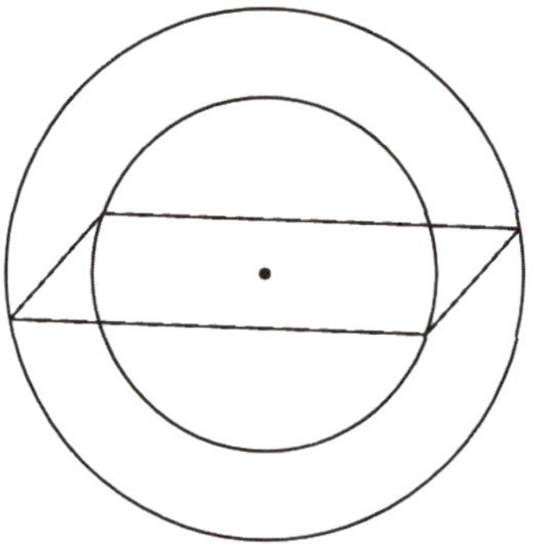

How could Lin describe to Clare the symmetry she sees?

R

S

sector

부채꼴

뜻 원 내부의 두 반지름 사이에 위치한 영역. 원에서 두 개의 반지름과 하나의 호로 둘러싸인 도형이다.

설 명 부채꼴의 넓이는 중심각의 크기와 비례한다. 이 비례 관계를 이용해 넓이를 구할 수 있다.

시각적 표 현

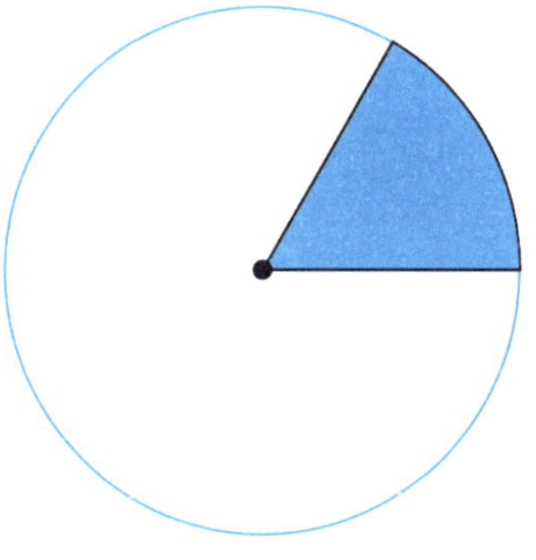

IM

A **sector** of a circle is the region enclosed by 2 radii.

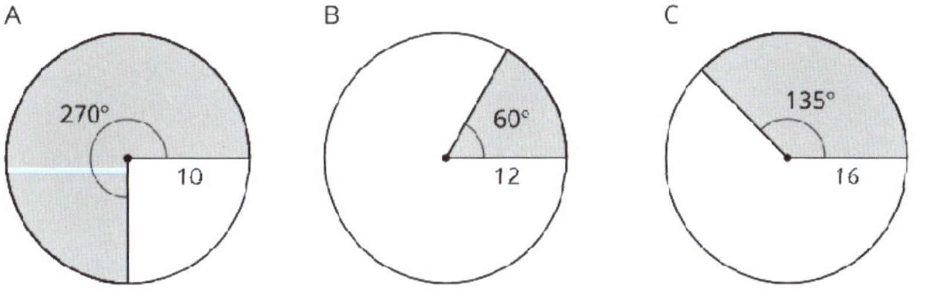

For each circle, find the area of the shaded sector and the length of the arc that outlines the sector. All units are centimeters. Give your answers in terms of π.

sequence

수열 [▶ geometric sequence 참고]

뜻 순서대로 배열된 수

설 명 규칙이 있는 수열도 있고 규칙이 없는 수열도 있다. 같은 수를 더해나가는 수열을 등차수열(arithmetic sequence), 같은 수를 곱해나가는 수열을 등비수열(geometric sequence)이라고 부른다.

예 모든 양의 홀수가 순서대로 나열된 수열: 1, 3, 5, 7, … 이 수열은 전항에 2를 더해가는 규칙을 갖는다. 이를 식으로 나타내면 $a_n = a_{n-1} + 2$

IM

Here are the values of the first 5 terms of 3 sequences:

- A: 30, 40, 50, 60, 70, . . .
- B: 0, 5, 15, 30, 50, . . .
- C: 1, 2, 4, 8, 16, . . .

1. For each sequence, describe a way to produce a new term from the previous term.
2. If the patterns you described continue, which sequence has the second greatest value for the 10th term?
3. Which of these could be geometric sequences? Explain how you know.

S

sine

사인 [cosine 참고]

뜻 삼각비 중의 하나. 직각삼각형에서 한 예각의 사인은 $\dfrac{(\text{높이})}{(\text{빗변})}$이다.

기 호 아래 그림은 Illustrative Mathematics 교과서에 나온 설명으로 각 x에 대한 사인은 변 a의 길이를 빗변 c의 길이로 나눈 값이다.

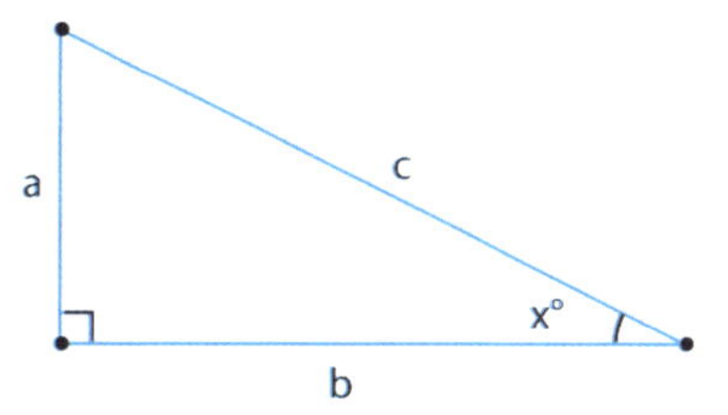

sine

The sine of an acute angle in a right triangle is the ratio (quotient) of the length of the opposite leg to the length of the hypotenuse. In the diagram, $\sin(x) = \frac{a}{c}$.

IM Complete the table.

angle	cosine	sine	tangent
80°			
85°			
89°			

Based on this information, what do you think are the cosine, sine, and tangent of 90 degrees? Explain or show your reasoning.

skewed distribution

비대칭 분포

뜻 자료가 한쪽에 치우쳐서 분포되어 있어 평균이 중앙값과 다른 경우를 가리키는 분포

설 명 이러한 경우 좌우 대칭이 아닌 한 쪽으로 몰려있는 그래프를 가지게 된다.

시각적 표 현 아래 그래프에서 1, 2, 3보다 오른 쪽에 값이 훨씬 더 많이 쏠려있다. 따라서, 비대칭 분포이다.

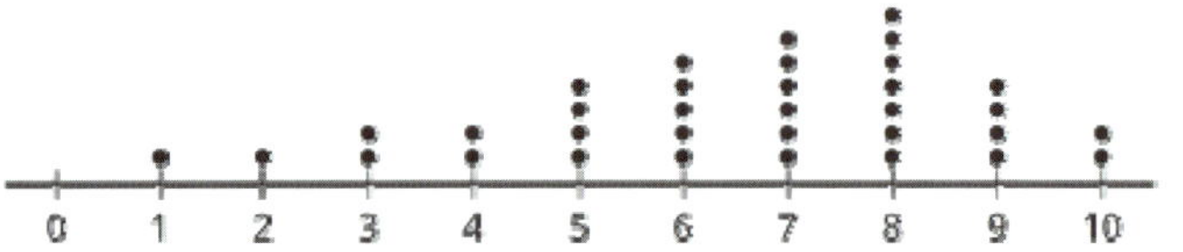

IM Which of the dot plots shows a skewed distribution?

A:

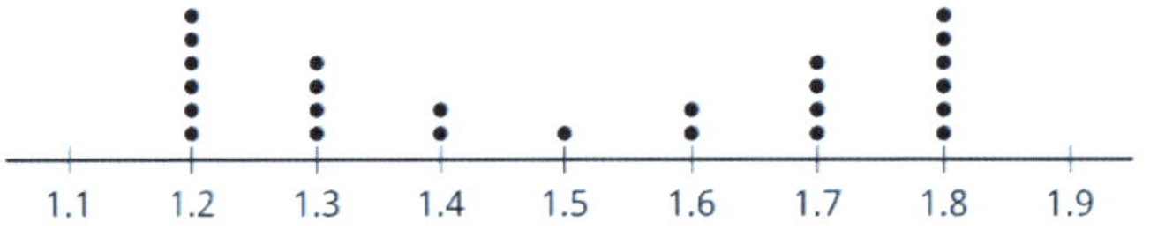

B:

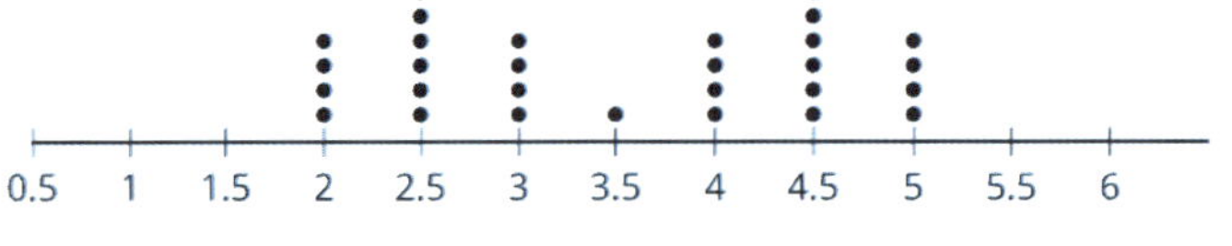

C:

D:

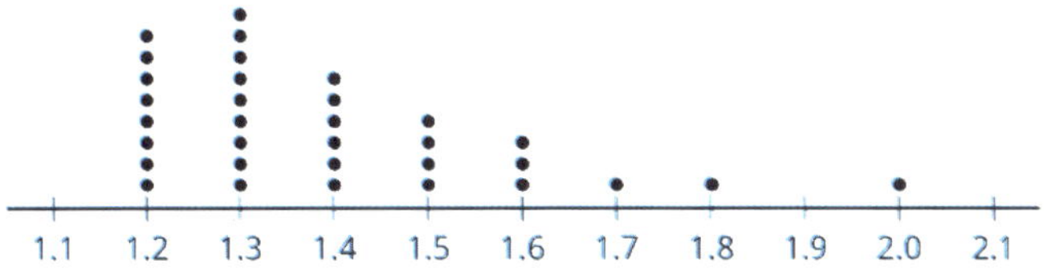

solid of rotation

회전체 [axis of rotation 참고]

뜻 회전축을 중심으로 평면도형을 회전시켜 형성된 3차원 도형

설 명 함수 또는 곡선을 회전시켜 생성되는 경우, 주로 가로축 또는 세로축을 중심으로 회전한다.

시각적 표 현

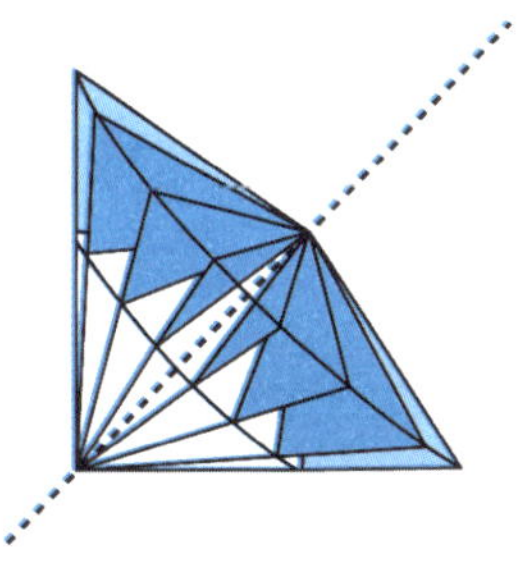

IM

Sketch the solid of rotation formed by rotating the given two-dimensional figure using the horizontal line shown as an axis of rotation.

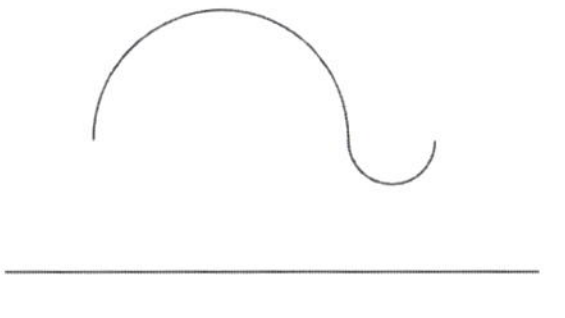

S

solutions to a system of inequalities

연립부등식의 해

뜻 연립부등식을 참으로 만드는 모든 값의 순서쌍

설 명 보통 변수가 2개이고, 두 부등식의 그래프가 겹치는 영역으로 나타낼 수 있다.

예 $\begin{cases} y > 2x \\ x + y < 10 \end{cases}$

이 연립부등식에서 해는 $y = 2x$ 윗부분, $x + y = 10$ 아랫 부분 중 겹치는 부분에 속하는 점들의 집합이다.

IM

Two inequalities are graphed on the same coordinate plane.

Which region represents the solution to the system of the two inequalities?

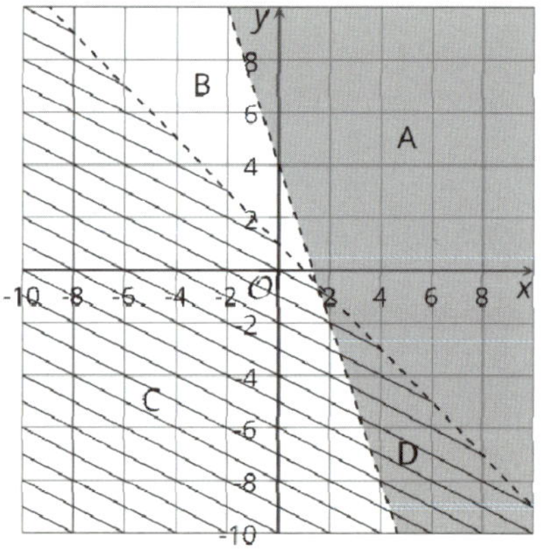

S

solution to a system of equations

연립방정식의 해

뜻 연립방정식에 포함되는 모든 방정식을 만족시키는 각 변수의 값

설 명 변수가 두 개일 때 그래프에서 두 방정식의 직선 그래프가 만나는 교점의 좌표가 연립방정식의 해가 된다.

시각적 표 현

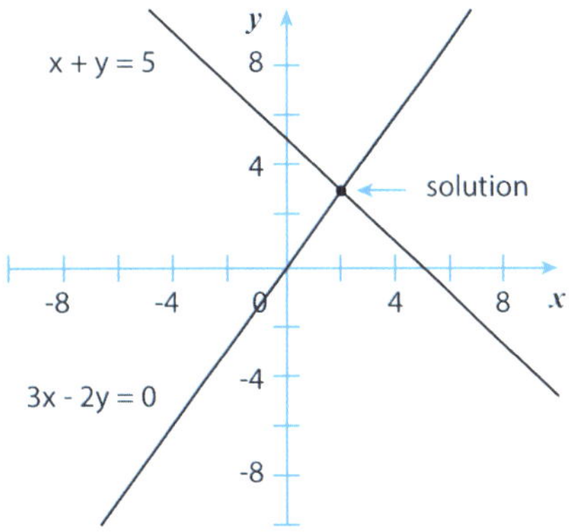

IM

Identify a solution to this system of equations: $\begin{cases} -4x + 3y = 23 \\ x - y = -7 \end{cases}$

A:

$(-5, 2)$

B:

$(-2, 5)$

C:

$(-3, 4)$

D:

$(4, -3)$

S

standard deviation

표준편차

뜻 분포의 변이성 또는 퍼짐을 측정하는 지표로, MAD (mean absolute deviation)를 계산하는 방법과 유사한 방법으로 계산된다. 자료의 분산의 정도를 나타내는 수치로, 평균과 각 변량의 차(편차)를 제곱하여 그것을 산술평균한 값의 제곱근으로 구한다.

설 명 표준편차가 작으면 평균 주위의 분산의 정도가 작다는 것을 알 수 있다.

기 호

$$\sigma = \sqrt{\frac{\sum(x_i - \mu)^2}{N}}$$

σ = population standard deviation x_i = each value from the population

N = the size of the population μ = the population mean

[σ : 표준편차, x_i: 각각의 자료, μ: 모든 자료의 평균, N: 모집단에 속한 자료의 개수]

S

IM

What do you notice? What do you wonder?

mean: 10, MAD: 1.56, standard deviation: 2

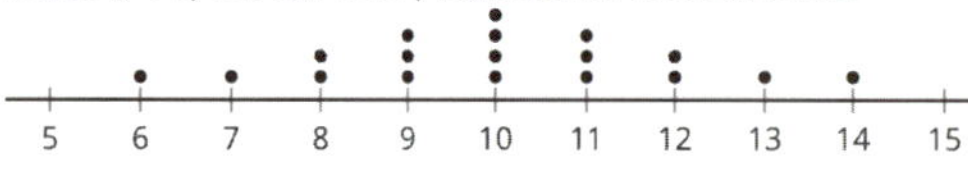

mean: 10, MAD: 2.22, standard deviation: 2.58

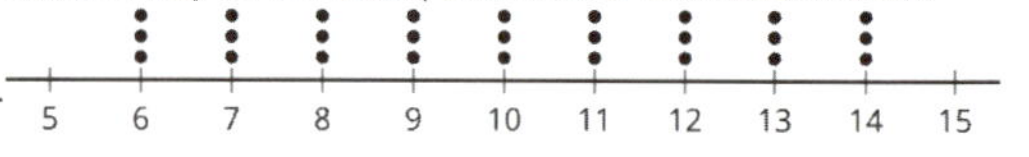

mean: 10, MAD: 2.68, standard deviation: 2.92

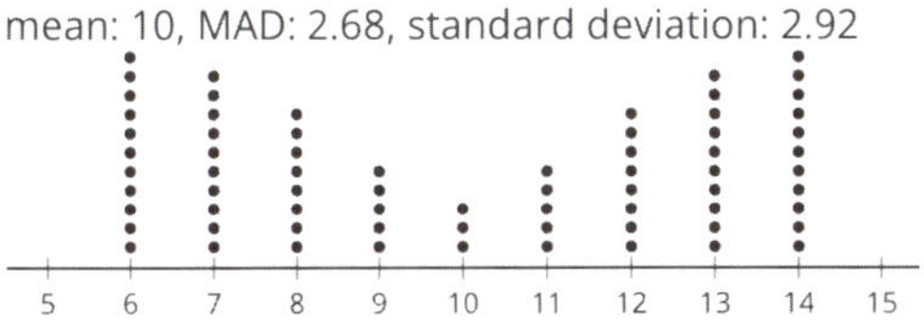

mean: 10, MAD: 1.12, standard deviation: 1.61

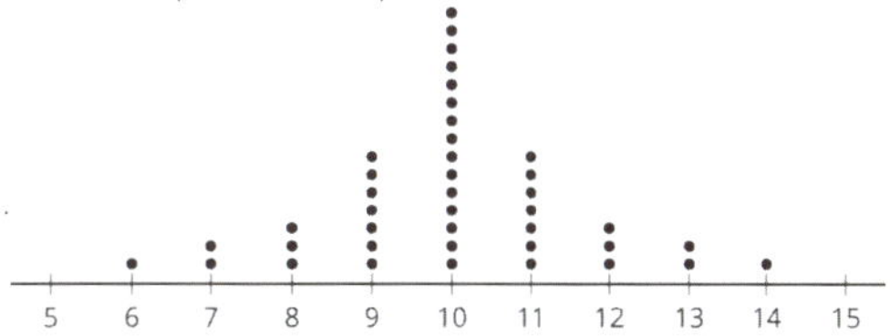

mean: 10, MAD: 2.06, standard deviation: 2.34

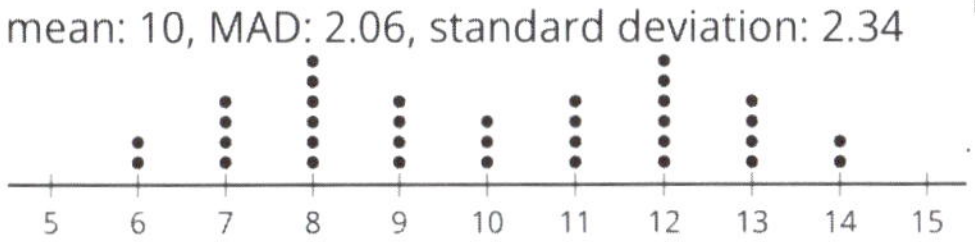

mean: 10, MAD: 0, standard deviation: 0

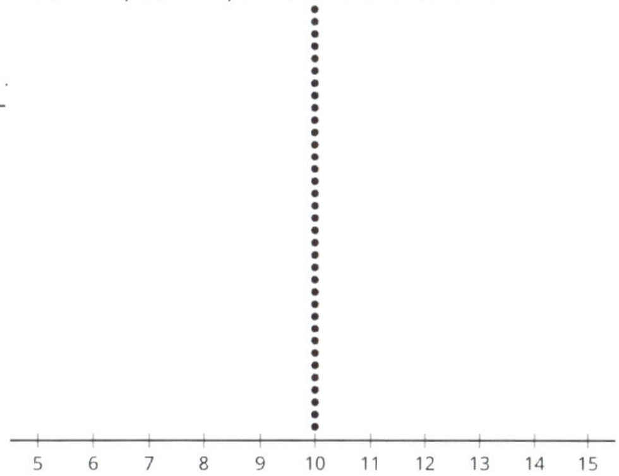

standard form (of a quadratic expression)

(이차식의) 일반형 [vertex form 참고]

뜻 내림차순으로 정리한 이차식을 standard form이라고 한다.

설 명, **예**

Three Forms of Quadratic Equation		
Vertex Form	Factored Form (Intercept Form)	Standard Form
$y=2(x+1)^2-8$	$y=2(x+3)(x-1)$	$y=2x^2+4x-6$
$y=a(x-h)^2+k$	$y=a(x-p)(x-q)$	$y=ax^2+bx+c$

IM 1. Complete each row with an equivalent expression in standard form or factored form.

standard form	factored form
x^2	
	$x(x+9)$
$x^2 - 18x$	
	$x(6-x)$
$-x^2 + 10x$	
	$-x(x+2.75)$

statistic

통계량

뜻 표본의 특징을 수치화한 값. 표본을 분석하여 얻은 값으로서 모집단을 추측하는 데 중요하다.

예 평균, 중앙값 또는 MAD(평균 절대 편차)와 같은 값이 통계량에 포함된다.

IM Using the data from the warm-up, we can calculate a few **statistics** and look at the data.

- Next to the word Sum, in cell D1, type =Sum(A1:A20)
- Next to the word Mean, in cell D2, type =Mean(A1:A20)
- Next to the word Median, in cell D3, type =Median(A1:A20)

1. What are the values for each of the statistics?
2. Change the value in A1 to 8. How does that change the statistics?
3. What value can be put into A1 to change the mean to 10.05 and the median to 9?

substitution

대입, 치환

뜻 변수를 그것과 동일한 표현으로 대체하는 것

기 호 한국어에서는 변수를 값으로 대체하는 것을 대입, 수식의 부분을 대등한 것으로 바꾸는 것을 치환이라고 하지만 영어에서는 두 경우에 다 substitution을 사용한다.

예 Substitute 3 for x in $2x-5$는 식 $2x-5$에서 x 대신에 3를 대입하여 간단히 하라는 의미이다. Substitute $2x-1$ for p는 식 $2x-1$을 변수 p로 치환하라는 의미이다.

IM

Here are four systems of equations you saw earlier. Solve each system. Then, check your solutions by substituting them into the original equations to see if the equations are true.

A $\begin{cases} x+2y=8 \\ x=-5 \end{cases}$ B $\begin{cases} y=-7x+13 \\ y=-1 \end{cases}$

C $\begin{cases} 3x=8 \\ 3x+y=15 \end{cases}$ D $\begin{cases} y=2x-7 \\ 4+y=12 \end{cases}$

S

survey

설문

뜻 사람들에게 주어지는 질문 세트로, 그들의 응답을 조사하는 연구 방법

예 고등학생들이 하루에 몇 시간 게임을 하는지 설문을 통해 연구할 수 있다. 설문에 참여한 사람이 더 다양하고 많아질수록 설문 결과의 신빙성이 높아진다.

IM

Take turns with your partner to determine whether a survey, observational study, or experimental study would be the best way to collect data to answer the question.

- For each study type that you match, explain to your partner why you think this is the best type of study.
- For each study that your partner matches, listen carefully to their explanation. If you disagree, discuss your thinking and work to reach an agreement.

1. Do smokers get in more car accidents than non-smokers?
2. What is the students' favorite type of sport at this school?
3. Do people who chew gum while studying do better on tests when they chew gum while taking the test than when they don't chew gum while taking the test?
4. How has the percentage of the world's wealth owned by the top 1% of individuals changed over the past 300 years?
5. Do strawberry plants produce more fruit when growing in a greenhouse or outside?
6. What are the most important issues for voters in a district at the moment?

S

symmetric distribution

대칭분포 [skewed distribution 참고]

뜻 대칭분포는 분포의 양쪽이 거의 동일한 모양과 크기를 가지고 있는 분포이다. 즉, 분포의 중심에 대해 두 극단이 거의 대칭을 이룬다.

설 명 그래프의 중앙에 수직 대칭이 있는 분포이며 평균과 중앙값이 서로 같다.

예 그림에 나타난 점그래프에서 5를 중심으로 대칭분포를 이룬다.

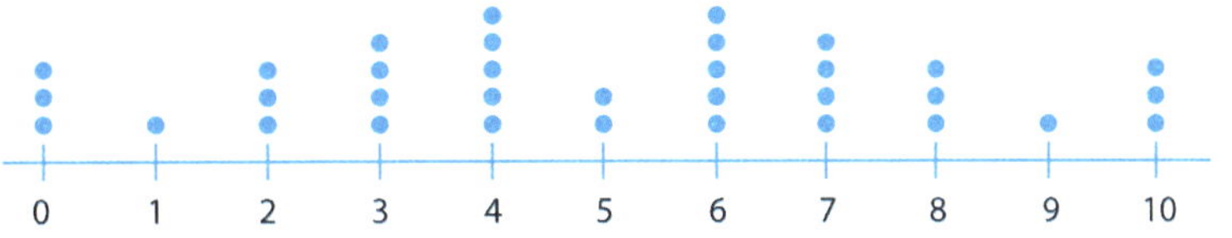

IM

Which of the dot plots shows a symmetric distribution?

A:

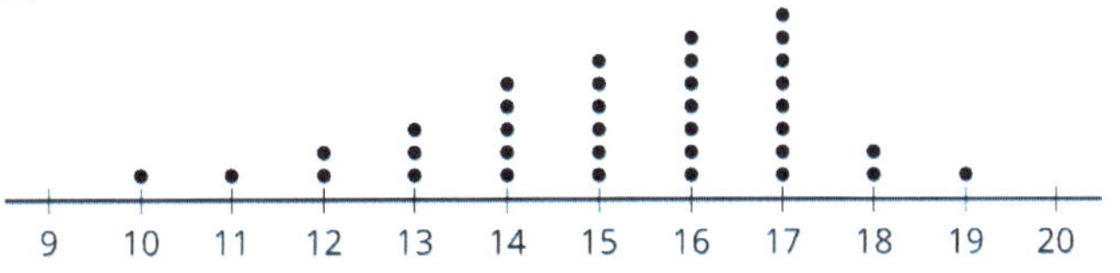

B:

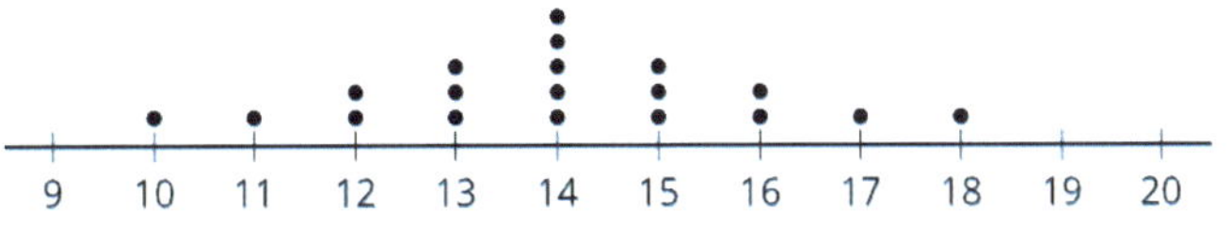

C:

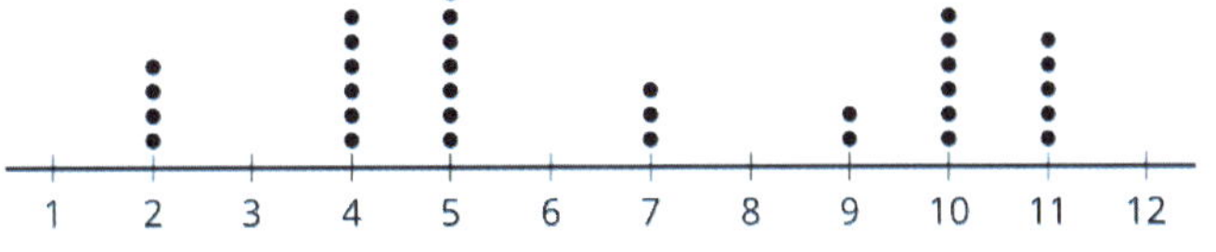

D:

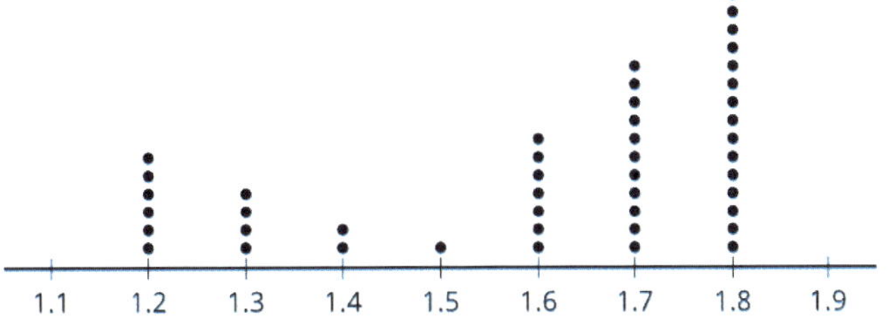

S

system of inequalities

연립부등식

뜻 동일한 상황에서 제약 조건을 나타내는 두 개 이상의 부등식의 모임

예 $\begin{cases} x+y \le 16 \\ x \ge 2y \end{cases}$

시각적 표 현 아래 그림에서 파란 부분과 빗금친 부분이 겹치는 부분이 연립방정식의 해가 된다.

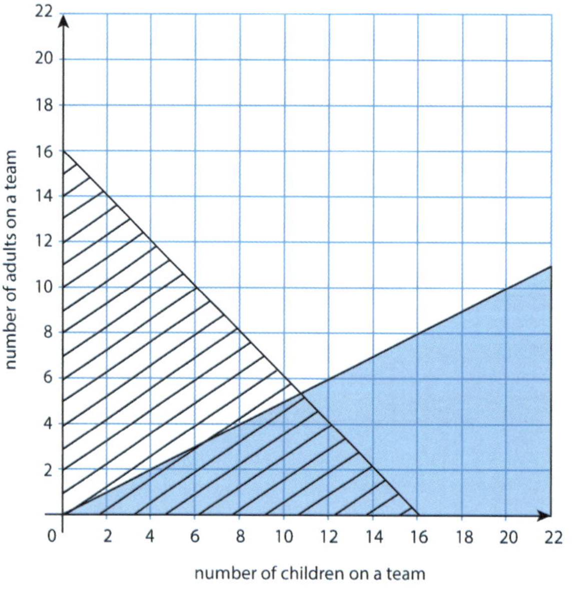

IM

Two non-negative numbers x and y satisfy $x+y \le 1$.

1. Find a second inequality, also using x and y values greater than or equal to zero, to make a system of inequalities with exactly one solution.
2. Find as many ways to answer this question as you can.

T

tangent

탄젠트

뜻 삼각비의 하나로, 직각삼각형에서 $\frac{(\text{높이})}{(\text{밑변})}$를 말한다.

설 명 탄젠트는 사인을 코사인으로 나눈 값으로 표현되기도 한다.

$$\tan(\theta) = \frac{\sin(\theta)}{\cos(\theta)}$$

기 호 $y = \tan(\theta)$

시각적 표 현 아래 그림은 탄젠트 함수의 그래프이다.

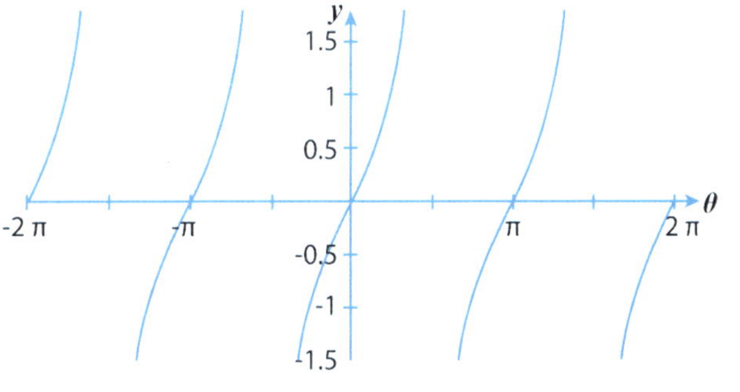

IM

1. Where does the line $x = 1$ intersect the line that passes through the origin and the point corresponding to the angle $\frac{\pi}{6}$?
2. Where does the line $x = 1$ intersect the line that passes through the origin and the point corresponding to the angle θ?
3. Where do you think the name "tangent" of an angle comes from?

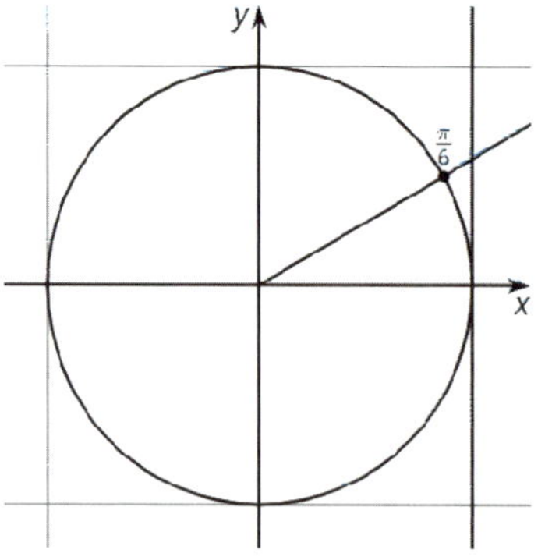

tangent (line)

(원의) 접선

뜻 원과 한 점에서 만나는 직선을 접선이라 한다.

설 명

- 원과 접선은 정확히 한 점에서 만나고 그 점을 접점이라 한다. 접점에서 반지름과 접선은 수직으로 만난다.
- 영어로 tangent line이지만 보통 줄여서 tangent라고 말할 때가 많다. 삼각비 또는 삼각함수의 하나인 tangent 탄젠트와 같은 단어가 되어 혼동될 수 있으므로 주의가 필요하다.

시각적 표 현

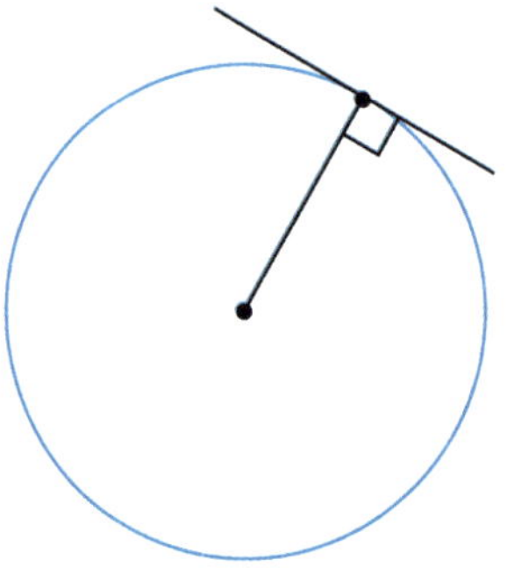

T

IM

Line BD is tangent to a circle with diameter AB. Explain why the measure of angle BCA must equal the measure of angle ABD.

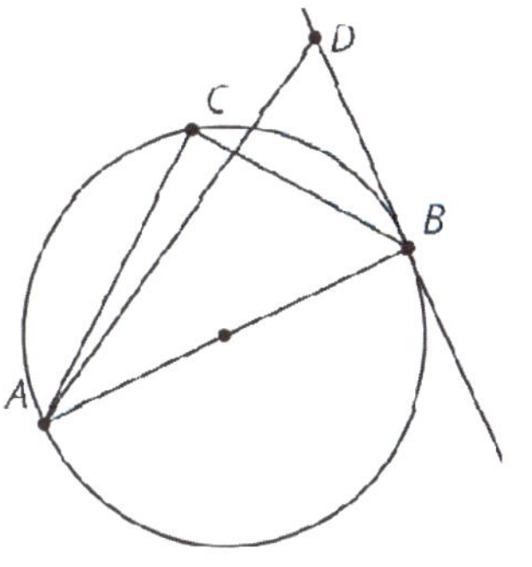

term (of a sequence)

(수열의) 항

뜻 수열을 이루는 각각의 수를 말한다.

기 호 $a_1,\ a_2,\ a_3,\ a_4,\ \cdots$

예 수열 $2,\ 5,\ 8,\ 11,\ \cdots$에서 각각의 수가 항이 된다.

IM

Here are the values of the first 5 terms of 3 sequences:

- A: 30, 40, 50, 60, 70, . . .
- B: 0, 5, 15, 30, 50, . . .
- C: 1, 2, 4, 8, 16, . . .

1. For each sequence, describe a way to produce a new term from the previous term.
2. If the patterns you described continue, which sequence has the second greatest value for the 10th term?
3. Which of these could be geometric sequences? Explain how you know.

T

theorem

정리

뜻 정리는 증명된 수학적 주장이며, 일반적으로 증명된 명제이다. 이러한 주장은 수학적 근거나 논리에 따라 증명되었다.

예 잘 알려진 정리로 피타고라스 정리, 삼각형의 합동 정리 등이 있다. 삼각형의 합동 정리에는 SSS, SAS, ASA가 있다. 한국에서는 합동조건으로 부르지만 미국 기하학에서는 이 세 가지 합동조건을 정리로 사용한다.

IM

Mai has proven that triangle WYZ is congruent to triangle WYX using the Side-Side-Side Triangle Congruence Theorem. Why can she now conclude that diagonal WY bisects angles ZWX and ZYX?

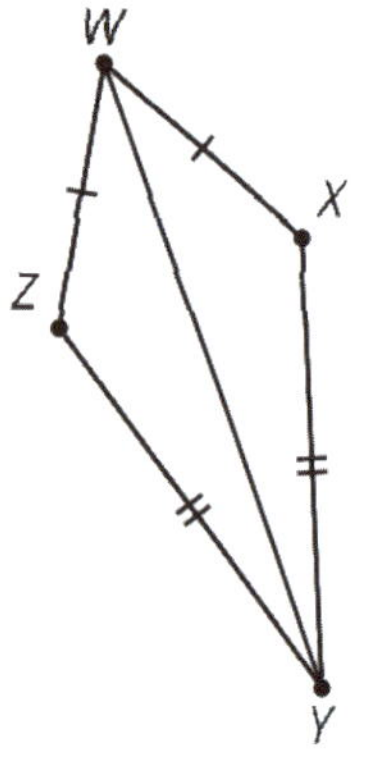

T

treatment

실험(군)

뜻 일반적으로 실험에서 사용되며, 그룹을 비교하기 위해 적용되는 조건이나 절차이다. 실험에서 특정 조건이나 처리를 받는 그룹을 treatment group이라고 한다. 이 그룹은 다른 그룹과 비교하여 특정 변인이나 결과에 미치는 영향을 이해하려는 목적으로 사용된다.

설 명 한 실험에서 두 그룹을 비교하는 경우, 하나는 처치를 받는 그룹이고 다른 하나는 어떤 처치도 받지 않는 대조 그룹이다. 여기서 treatment는 처치를 받는 그룹(treatment group)에게 적용되는 특정 개입이나 조건을 말한다.

IM

A human resources experiment about job satisfaction takes 10 subjects and divides them into 2 groups using a random process. The control group contains 5 subjects and the treatment group contains 5 subjects. Each group is asked to rate their job satisfaction on a scale from 1 to 10. The control group results in the data: 3, 7, 8, 10, and 10. The treatment group results in the data: 5, 6, 7, 7, and 9.

Statisticians run 100 simulations regrouping the data into 2 groups at random and record the differences in means for the groups in each simulation. The histogram shows the differences in means from the simulations.

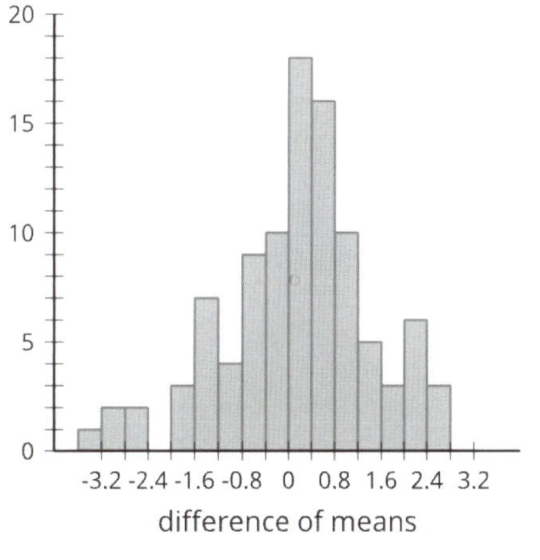

1. What is the difference in means between the two groups?
2. What proportion of the difference in means from the simulation have a difference at least as great as the difference in means between the control and treatment groups?
3. Is there enough evidence to support a claim that the original difference in means is likely due to the treatment?

trigonometric ratio

삼각비 [▶ sine, cosine, tangent 참고]

뜻 사인, 코사인, 탄젠트를 삼각비라고 부른다. 직각삼각형의 세 변의 길이의 비율로 정의된다.

설 명 삼각함수를 배우기 전에 삼각비를 배운다. 모든 실수가 정의역인 삼각함수와 달리 삼각비는 직각삼각형에서 정의되므로 정의역이 0에서 90도까지가 되어 모든 삼각비는 양수이다.

IM

Complete the table.

angle	cosine	sine	tangent
$80°$			
$85°$			
$89°$			

Based on this information, what do you think are the cosine, sine, and tangent of 90 degrees? Explain or show your reasoning.

U

uniform distribution

균등분포 [distribution 참고]

뜻 자료가 범위 내에서 고르게 분포되어 있는 분포

설 명 모든 값이 동일한 확률로 발생하는 분포를 나타낸다.

예 0과 1 사이의 값 중에서 모든 값을 가질 확률이 동일한 경우

시각적 표 현

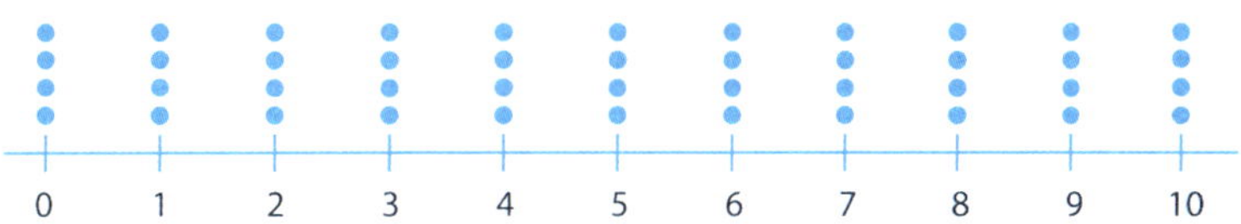

IM

Create a dot plot showing a uniform distribution.

unit circle

단위원

뜻 반지름이 1인 원. 미국 고등학교 수학에서는 일반적으로 좌표평면 상에서 원점을 중심으로 하는 반지름 1인 원을 의미한다.

설 명 주로 삼각함수에서 사용되며, 각의 측정 단위로 라디안을 사용할 때 특히 중요하다.

IM

All points are 1 unit from the origin.

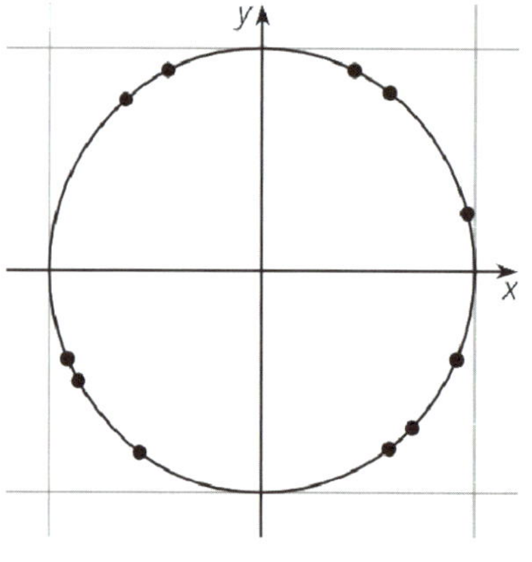

Choose one of the points. Be prepared to describe its location using only words.

U

V

variable

(통계에서) 변수

뜻 모집단 내 개인의 특성으로 다양한 값을 가질 수 있는 것

설 명 Algebra(대수학)에서 방정식이나 부등식에 포함된 문자도 변수(variable)라고 한다. 여기서는 통계학에서의 변수를 말한다. 측정결과가 조사대상에 따라 다른 값으로 나타날 수 있는 특성 혹은 속성. 속성에 따라 여러 수준으로 분류할 수 있거나 다양한 값을 취할 수 있는 사건, 사물, 현상을 나타내는 개념으로 변인이라고도 한다.

IM

In statistics, a **variable** is a characteristic that can take on different values. A **categorical variable** is a variable that takes on values which can be divided into groups or categories. Data from two categorical variables about a single subject can be organized using a **two-way table**.

For example, this two-way table shows the results from 170 responses to a survey asking people their age group and whether they have a cell phone or not.

	has a cell phone	does not have a cell phone
10–12 years old	25	35
13–15 years old	38	12
16–18 years old	52	8

vertex form (of a quadratic expression)

(이차식의) 표준형 [▶ standard form 참고]

뜻 이차식을 꼭짓점의 좌표가 드러나도록 나타낸 형태로, 축의 위치나 꼭짓점의 좌표를 쉽게 알 수 있다.

설 명 영어 표현 그대로는 꼭짓점형이지만, 한국 용어로는 이차식의 표준형에 해당한다.

기 호 이차식의 표준형은 $a(x-h)^2+k$으로 쓰며, 이 때 $(h,\ k)$가 포물선의 꼭짓점의 좌표이다.

IM

2. Here are graphs representing the quadratic functions. Why do you think expressions such as those defining h and r are said to be written in vertex form?

Graph of h

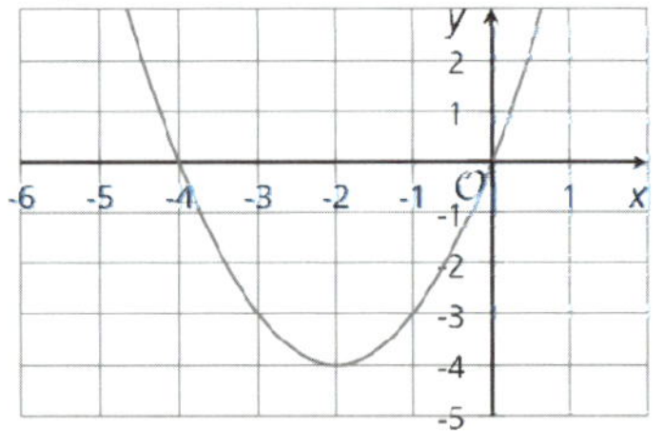

Graph of r

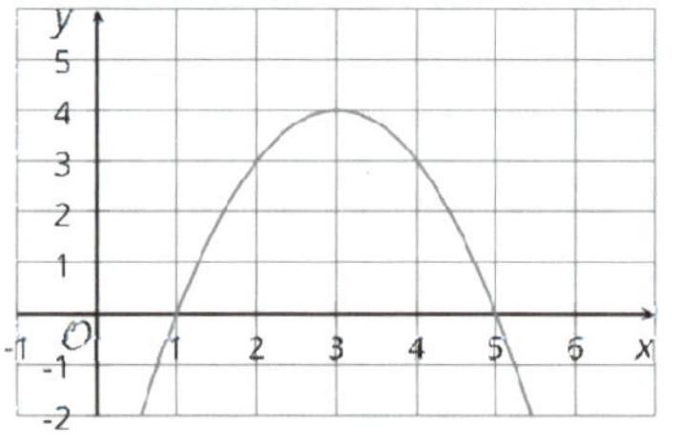

vertex (of a graph)

(그래프의) 꼭짓점

뜻 이차함수 또는 절댓값 함수의 그래프에서 증가에서 감소로 변하거나 그 반대로 변하는 지점

설 명 그래프의 가장 높은 또는 가장 낮은 지점이 된다.

시각적 표 현 왼쪽은 절댓값 그래프의 vertex, 오른쪽은 포물선 그래프의 vertex를 보여준다.

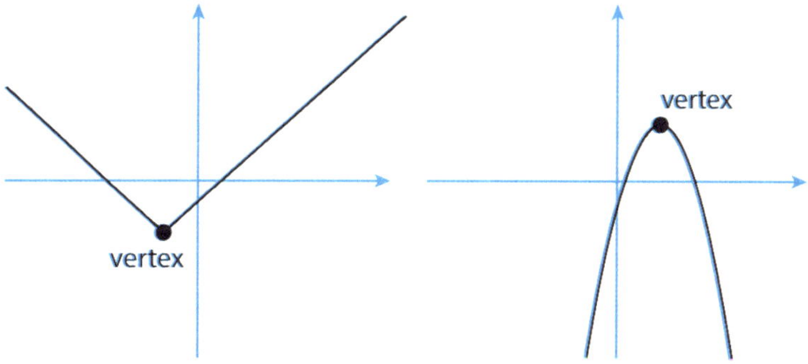

IM

Expressions in different forms can be used to define the same function. Here are three ways to define a function f.

$f(x) = x^2 - 4x + 3$	(standard form)
$f(x) = (x-3)(x-1)$	(factored form)
$f(x) = (x-2)^2 - 1$	(vertex form)

Which form would you use if you want to find the following features of the graph of f? Be prepared to explain your reasoning.

1. the x-intercepts
2. the vertex
3. the y-intercept

V

vertical asymptote

수직인 점근선 [horizontal asymptote 참고]

뜻 함수 $f(x)$가 $x=a$에서 정의되지 않고, $x=a$의 좌우로 가까이 갈수록 $f(x)$의 함숫값이 음의 무한대 또는 양의 무한대로 커지는 경우, 직선 $x=a$는 함수 $f(x)$의 수직 점근선이 된다.

설 명 그래프가 해당 직선의 양쪽으로 수직 방향으로 무한히 이동한다는 것을 의미한다.

시각적 표 현

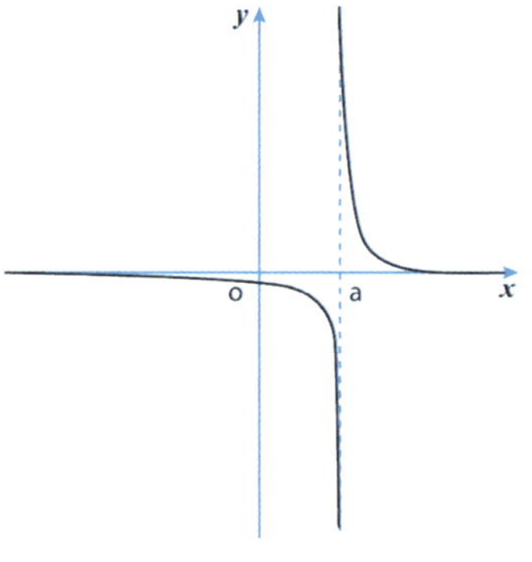

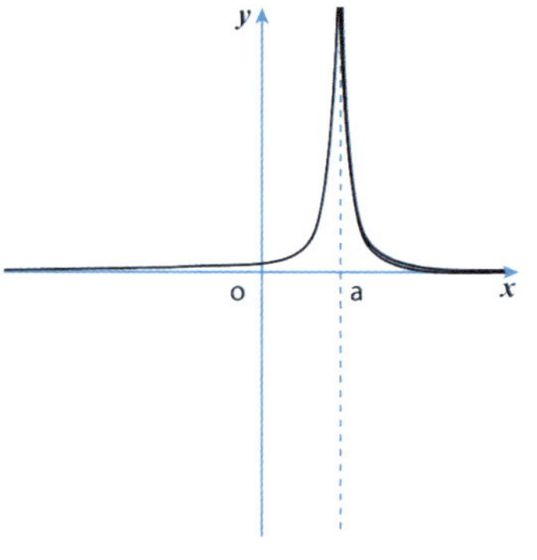

IM

What is the equation of the vertical asymptote for the graph of the rational function $g(x) = \frac{6}{x-1}$?

A:

$x = 1$

B:

$x = $ -1

C:

$x = 6$

D:

$x = \frac{1}{6}$

V

vertical intercept

세로절편 [horizontal intercept 참고]

뜻 그래프가 세로축을 교차하는 점의 세로축(y) 좌표

설 명 만약 세로축을 y축이라고 이름붙이면 세로절편을 y 절편이라고도 부른다. 미국에서는 x, y 뿐만 아니라 다양한 알파벳을 변수로 사용하므로 y−intercept도 많이 쓰이지만 일반적으로 세로절편으로 부른다. 한국 수학교육과정에서 가로축과 세로축은 쓰이지만 가로절편, 세로절편이라는 용어는 다뤄지지 않는다.

예 만약 어떤 그래프가 세로축을 $(0, 5)$에서 지나간다면 세로절편(y절편)은 5이다.

IM

Let's look at the graph of function h, which gives the height, in meters, of a ball t seconds a
tossed up in the air. From the graph, we can see that:

- The point $(0, 20)$ is the *vertical intercept* of the graph, or the point where the graph intersects the vertical axis.

  This point tells us that the initial height of the ball is 20 meters, because when t is 0, the value of $h(t)$ is 20.

  The statement $h(0) = 20$ captures this information.

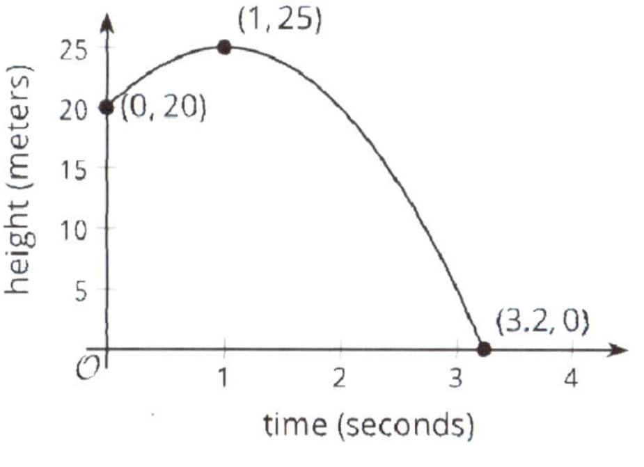

V

Z

zero (of a function)

함수의 영점 (함수의 근)

뜻 함수의 영점은 함숫값을 0으로 만드는 독립변수의 값을 의미한다. 다시 말해 함숫값을 0으로 만드는 x값

설 명 한국 수학교육과정에서는 다뤄지지 않는 용어이다. $f(x)=0$인 x값은 x절편에 대당한다.

기 호 $f(x)=0$일 때 x가 zero of a function이다. Solution이나 해, 근과 같은 의미를 갖는다.

예 $f(x)=2x-4$ 일 때 함수 f의 영점은 2이다.

IM

The function f given by $f(x) = (x+1)(x-3)$ is written in factored form. Recall that this form is helpful for finding the zeros of the function (where the function has the value 0) and telling us the x-intercepts on the graph representing the function.

Here is a graph representing f. It shows 2 x-intercepts at $x = -1$ and $x = 3$.

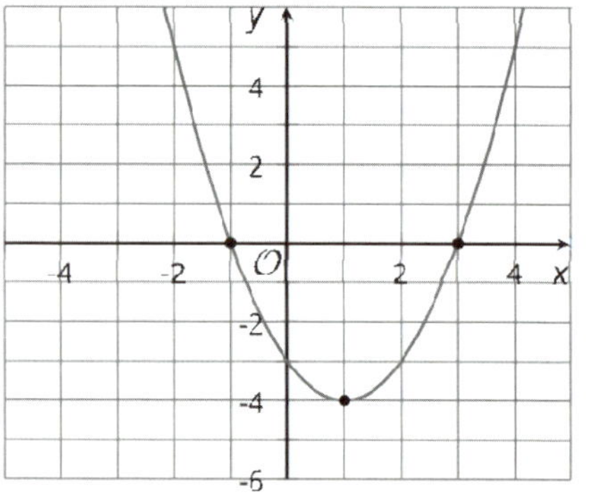

If we use -1 and 3 as inputs to f, what are the outputs?

- $f(-1) = (-1+1)(-1-3) = (0)(-4) = 0$
- $f(3) = (3+1)(3-3) = (4)(0) = 0$

Z

Because the inputs -1 and 3 produce an output of 0, they are the zeros of the function f. And because both x values have 0 for their y value, they also give us the x-intercepts of the graph (the points where the graph crosses the x-axis, which always have a y-coordinate of 0). So, the zeros of a function have the same values as the x-coordinates of the x-intercepts of the graph of the function.

zero product property

곱이 0이면 최소 하나의 곱해지는 수식이 0인 성질

뜻 두 개 이상의 실수나 변수가 있는 식의 곱이 0이라면, 그 중 적어도 하나는 0이 되어야 함을 나타내는 성질

설 명 주로 이차방정식 이상에서 인수분해를 통해 방정식을 풀 때 사용한다. 한국 수학교육과정에서도 빈번하게 사용되는 성질이지만 별도의 용어로 지칭하지는 않는다.

기 호 $a \times b = 0$이라면, a 또는 b 중 적어도 하나는 0이어야 한다.

IM

We have seen quadratic functions modeling the height of a projectile as a function of time.

Here are two ways to define the same function that approximates the height of a projectile in meters, t seconds after launch:

$h(t) = \text{-}5t^2 + 27t + 18$ $\qquad$ $h(t) = (\text{-}5t - 3)(t - 6)$

1. Which way of defining the function allows us to use the zero product property to find out when the height of the object is 0 meters?
2. Without graphing, determine at what time the height of the object is 0 meters. Show your reasoning.

[INDEX]

영문

국문

저 · 자 · 약 · 력

이지영
서울대학교 학사
University of Missouri, Columbia 수학 석사, 수학교육 박사
전 캘리포니아 수학 과학 교사
현재 Iowa State University 수학교육과 교수

장혜원
서울대학교 수학교육과 학사, 석사, 박사
현재 서울교육대학교 수학교육과 교수

미국 고등학교 교과서에서 사용하는 수학 용어 사전

초판 발행 2025년 5월 20일

지은이 이지영 · 장혜원
펴낸이 오판근
펴낸곳 (주)교우
주 소 서울시 동대문구 약령시로 8 교우빌딩 2층 (주)교우
전 화 02-925-2861 / 팩 스 070-7966-8610, 편집부 02-925-2825
홈페이지&북스토어 www.kyowoo.co.kr / 이메일 kyowoo@kyowoo.co.kr

등 록 1994년 3월 24일 제1994-000013호
ISBN 979-11-251-0416-2 (53410)

Published by Kyowoo Co., Ltd. Printed in Korea

(주) 교우는 보다 혁신적이고 참신한 도서를 다양하게 기획하고 있습니다.
책으로 펴내고자 하는 아이디어나 원고는 메일로 보내주세요.
(주) 교우는 전과정을 책임지고 최선을 다하겠습니다.

값 15,000원

교우미디어는 (주) 교우의 Imprint 사입니다.
수학정원·과학정원은 (주) 교우의 새로운 브랜드명입니다.

잘못된 책은 구입하신 서점에서 교환해 드립니다.